僕が恋した日本茶のこと

青い目の日本茶伝道師、オスカル

Magic of Japanese Tea

ブレケル・オスカル

Per Oscar Brekell

はじめに

何てやさしい甘みとうまみ、そして清々しくて甘酸っぱい香りなのだろう。

そのお茶を飲んだ時、私は日本茶と「二度目の恋」に落ちました。

「私が求めていた日本茶はこれです！」

私は興奮し、思わず声を高くあげました。

２０１１年8月、都内の日本茶カフェでのことでした。

お茶を運んできてくれた店主の男性は、私の素っ頓狂な声に、別段驚いた様子もなくテーブルの横に立ち、ニコニコと微笑んでいました。


高校生の時、生まれ故郷のスウェーデンで日本茶と出会った私は、知れば知るほど日本茶が好きになり、いつのまにか恋に落ちていました。

けれども、スウェーデンでは手に入る種類が限られてしまうばかりか、日本茶に関する情報があまりにも少な過ぎました。もっと日本茶のこと、そしてこのお茶を生んだ日本のことを知りたい。そして、できれば将来は、日本のおいしいお茶をスウェーデンで紹介する専門家になり、日本茶専門店を開きたい。そんな夢を抱きながら、交換留学生として日本にやって来たのですが、留学をしていた1年間、私が期待した多種多様な「日本茶」と出会うことはできませんでした。

岐阜大学の学生だった私は、2010年10月から岐阜市の大学のキャンパスの隣にある国際交流会館で暮らしていました。世界遺産として有名な白川郷からは離れていますが、同じ岐阜県の白川町はお茶の産地。滞在中にその白川町を一度訪ねた他、八女茶で有名な福岡県の八女市へも足を運んだりして、いろいろなお茶を飲んでみました。おいしいお茶はたくさんあっても、産地の違いは期待したほど感じられませんでした。さまざまな産地のお茶を飲み比べても、ほとんどのお茶が、似たような香味のものだったのです。

もちろん、細かな違いはあるのです。しかし、同じ品種で似たような栽培方法、同じ製法でお茶を作っているからなのか、ワインやウィスキーのように、土地や品種の違いをそれほど感じられなかったのです。

本を読み、さまざまな品種のお茶があることも知っていたので、私はもっともっと個性のあるお茶を求めていました。

日本ではこんなにもいろいろな場所でお茶が作られているのだから、その場所ごとの環境が滲み出たお茶があるはず。私はそう期待し、1年間、理想のお茶を探し続けていました。

しかし、どこを探しても個性のあるお茶にめぐり会うことはできませんでした。

この頃になると私は、「日本茶の専門家になる」という夢はあきらめた方がいいのかなと、気持ちが挫けそうになっていました。日本茶はどれも似たような味で、ほんの少ししかバリエーションがないのであれば、「日本茶の専門家」になってもしかたがない。日本茶を専門にするのではなく、烏龍茶や紅茶など、世界のお茶全般を扱う店をもつことにする方が無難なのかもしれないと、思い直していたところでした。

それでも、まだあきらめがつかず、留学期間の終盤、日本での生活が残り3週間を切った時、2日間の滞在予定で東京へ行くことにしました。ガイドブックを頼りに日本茶が飲める場所、買える場所を訪ねて回りたかったのです。当時は学生で、ビザもあとわずかで切れてしまうし、お金もない。スウェーデンに帰ってしまったら、次はいつ日本に来られるかわからない。

今、自分にできることをやっておこうと、藁にもすがる思いでした。

これまでに訪れたどこのお茶専門店でもそうであったように、この時に訪れたほとんどのお店の店員さんは、日本茶についての専門知識があまりないように感じました。

いかにも「外国人」の顔をした私がお店に入ると、

「うまみはわかりますか？」

「お茶は体に良いんですよ」

と、「ガイジン向け」の事をいわれるばかり。

逆に店で売られているお茶にどんな個性があるのか、どういう場所で作られているのか、「やぶきた」以外の品種茶はないのかを尋ねても、ほとんどの店員さんはきちんと答えてはくれませんでした。

そんな経験の後でしたので、その日本茶カフェでの驚きは特別なものでした。入ったとたん、私は驚きで目を見張りました。探していた単一品種のお茶が棚一面に並べてあったのですから！

これだけいろいろなお茶があれば、迷ってしまうのも仕方がありません。でも、1種類だけしか飲まないのはもったいない気がしました。そこで、まずはすすめられたお茶を飲んでみました。

そのお茶を口に含んだ瞬間の感動は、今でもはっきりと思い出されます。甘み、うまみの奥に、これまでのお茶では感じたことない独特の香りがあり、その余韻が長く残ったことを覚えています。

そんな感動を味わったわけですから、思わず興奮して、声を上げたのも無理はありません。なぜなら、ずっと探していたものにめぐり会えたのですから。

その日本茶カフェでは、品種茶の存在だけでなく、店主の和多田喜さん（156〜165ページ参照）のお茶の淹れ方にも驚かされました。一煎、二煎、三煎と杯を重ねるごとに、お茶の異なる表情が引き出されていて、飲むたびにそのおいしさにうっとりとため息をつきました。

「自分の進む道は、日本茶で間違いない」

ふたたび夢と目標を見つけた私は、その時、そう確信しました。

私はその時、もう一度、日本茶との恋に落ちたのです。もう、迷いはありませんでした。

この日、店に行ったのが午前11時の開店直後で、私の他にお客さんが少なかった事も手伝って、和多田さんを質問攻めにしました。

日本の品種茶はどうなっているのか、自分はこの1年間ずっと探したけど出会えなかったのはなぜなのか、そしてこの素晴らしくおいしいお茶はどうやって淹れるのか、など。当時は今ほど日本語ができなかったのですが、その当時なりの日本語力で会話をしました。

和多田さんは私が外国人だからといって、「うまみわかる?」などとは尋ねず、ふつうに日本茶の話をしてくれたのも、私にとってとてもうれしいことでした。そして話の中で、「10日後に日本茶セミナーがあるから、興味があるなら参加してみないか?」と誘ってくださいました。本当は帰国前にこれ以上東京へ来る予定はなかったのですが、せっかくめぐり会ったこのご縁を大切にしたい。そんな思いで、セミナーを受けてから帰国することにしました。

私は店を後にする時、店の外で深々とおじぎをしました。探していたものに出会えた喜びに感謝するとともに、この出会いが自分の運命を変えるだろう、という予感がしたからです。

あの日の予感は間違ってはいませんでした。

もしもあの時、「茶茶の間」に入り、和多田さんに出会っていなかったら、私は今、日本にいなかったでしょう。


こんなにも豊かで魅力的な日本茶の世界を、知らなかったこと。

それは何ともったいない。つくづく、「日本茶をあきらめないで良かった」と思っています。


これを読んでいる日本人のみなさんも、もしかしたら、まだ日本茶の魅力に気付いていない方がいらっしゃるかもしれません。

何となくおもしろそうな気がするけど、どこからどのように日本茶の世界へと入っていったらいいのかわからず、この本を手に取ってくださった方がいるかもしれません。

もしかしたら、「どうしてこの外人はスウェーデンからわざわざ日本に来てまで、お茶なんてを飲んでいるんだろう」と興味本位でページをめくっている方もいるのかも。


そんな方にこそ、この本を読んでもらいたい。

私がどのように日本茶に恋をしたか、日本茶のどんなところが魅力で、なぜ日本茶は世界でも類を見ない、優れた特質をもっているのかに興味を覚えたなら、今度は実際に飲んで、このおいしさを味わってみてください。

この本を通して1人でも多くの人が日本茶を好きになってくれたのなら、とてもうれしく思います。

もくじ

＊文中内で「※」を付けた文言等については、それぞれの章末で意味や解説を記しています。

第1章

私はこうして日本茶に恋をした

「ひとめぼれ」ではなかった出会い

「うわっ、何だこれは。とにかく渋くて苦い。しかもむっとするような緑の匂い。どうして日本人はこんなものを好んで飲むんだろう。」

それが初めて日本茶を飲んだ高校3年生の時の私の感想です。生まれ故郷であるスウェーデンの南部、デンマークとの国境に近い街、マルメで暮らしていた時のことでした。

そう、私と日本茶との出会いは、うっとりとロマンチックな「ひとめぼれ」とはほど遠いものでした。

スウェーデンと聞いて、「お茶」を思い浮かべる人は誰もいないと思いますが、それは決してまちがいではなく、主流な飲みものはコーヒー。人の家を訪ねると、何もいわなくてもコーヒーが出てくるほど、コーヒー文化が定着しています。そんな中、私は紅茶を飲む家庭で育ちました。

今では少し変わってきましたが、30年前、紅茶を飲んでいる人は、周りから変わり者扱いされるような状況だったのですが、両親ともに紅茶派。きっと私にも変わり者の血が流れているのでしょう。子どもの頃からテーブルには常にティーポットと紅茶の茶葉があり、インドのアッサムやダージリン、そしてスリランカの紅茶を、当たり前のように飲んでいました。

日本茶への興味は、高校の世界史の授業がきっかけでした。日本が、明治時代以降の近代化の過程で、近隣の国々とは全く違う道を歩んでいったことを知り、興味をもったのです。その時改めて自分の周りを見回してみると、テレビはシャープ、ステレオはソニー。子どもの頃は任天堂のゲームで遊んでいました。家の中は、韓国製でも中国製でもなく、日本製のものだらけ。そのことがおもしろくて、自分で調べてみようと、図書館で日本に関する本をいろいろと読み始めたのです。

調べていくうちにさらに私の興味を引いたのが、近代や現代より前の時代。〝侘び寂び〟の世界でした。飾り立てるのではなく、必要最低限のもので構成された茶室や和室の美しさに感動し、「死ぬ前に、一度この部屋に入ってみたい」と思うようになったのです。

そんな中、岡倉天心[※1]の『The Book of Tea（邦題：茶の本）』という本にめぐり会いました。日本には「茶道」があり、その世界の人々は、お茶の葉のためにわざわざ作法を覚えたり、専用の茶室までこしらえたりすることに衝撃を受けました。

もちろん紅茶にも文化があって、イギリスのアフターヌーンティーなどには、作法のようなものも多少あるのですが、茶道ほどではありません。

「日本のお茶には紅茶にはない魅力があるのではないか」

そんな思いを抱き、とうとう日本茶を飲んでみることにしたのです。


今にして思うと、地元の紅茶専門店で購入した「煎茶」と書かれたものは、やぶきたの二番茶だったのでしょう。一番茶ほど質が良くありませんでしたが、決して安くはなく、当時の為替レートで100gあたり1200円はしました。

問題は淹れ方でした。

店員さんに尋ねても、煎茶のことは全くわからないとそっけない答え。その店は紅茶専門店だけれど、緑茶に興味があるお客さんも来るので、商品として煎茶を置いてはいるけれど、ただそれだけ。店員さんはお茶の背景や、淹れ方についての知識は全くなく、「あとは自分でがんばってくださいね」

といわれてしまいました。

がんばりたくても、日本茶の淹れ方なんて、わかるはずもありませんでしたから、紅茶を飲む時と同じようにティーポットに茶葉を入れて熱湯を注ぎ、3〜4分待ってからカップへ注いで、飲んでみました。

その味は、日頃飲み慣れた紅茶とはあまりにかけ離れていました。とにかく渋くて苦い。そして「緑っぽい」味がしました。

私がこの時淹れた方法は、品評会でお茶を審査する時の方法に少し似ています。熱湯を使って一定時間浸出させることで、茶葉の欠点をよりわかりやすくし、判断するのです。

私と日本茶との出会いは「ひとめぼれ」ではなかっただけでなく、第一印象は決して良いものではありませんでした。日本茶の苦くて渋い味を最初に味わってしまったのです。

どんどんお茶が好きになっていく

ふつうだったらここで、煎茶を飲むのをあきらめていたことでしょう。それほどおいしくはなかったのです。しかし、幼い頃から「ごはんは残さず食べなさい」としつけられてきた私は、誰かが作ったものを捨てることができませんでした。しかも、この頃はまだ、日本茶に興味のある友人は皆無だったので、誰かにプレゼントすることもできません。

「それならば仕方がない、がんばって飲むしかない」と覚悟を決めて、2回、3回と飲んでいくうちに、だんだんと味に慣れてきたのです。そして4〜5回目になると、苦みと渋みの奥に、言葉では表現できないようなさわやかな香り、そしてすっきりとした後味を感じるようになってきました。

気が付くと、煎茶を飲むペースが徐々に上がっていき、同じ紅茶専門店へまた同じ煎茶を買いに行っていました。私は知らぬ間に煎茶が好きになっていたのです。

こうして煎茶を飲み進めるうちに、東洋の他のお茶にも興味をもつようになり、抹茶や中国の釜炒り茶、台湾の烏龍茶なども飲むようになりました。さらに、もっとお茶の世界を知りたいと思うようになり、煎茶を買った紅茶専門店でアルバイトを始め、結局大学を卒業するまで続けることになりました。

さまざまなお茶を飲めば飲むほど、はっきりと自分の中でわかったことがあります。それは自分が一番好きなお茶は、日本の煎茶だということ。

日本茶のことがもっと知りたい、もっといろいろな種類のお茶を飲んでみたい。そんな思いから、お茶の本を買って、勉強するようになりました。しかし、スウェーデンではいろいろな種類の日本茶を飲みたくても、選択肢はありませんでした。

「おいしいお茶に出会うためには、日本へ行くしかない」と思い至るまでに、時間はかかりませんでした。

旅行者として初めて日本を訪れたのは2006年。東京や大阪の他、兵庫県の篠山でホームステイをしながら3ヵ月を過ごしました。もちろんお茶屋さんを探してはさまざまな種類のお茶や急須を購入。スーツケースにあふれんばかりに詰め込み、帰国の途につきました。

当時の私にとって、お茶は純粋な「趣味」。あくまでも嗜好品の1つとして楽しんでいましたが、後にこの日本への旅行がきっかけとなり、私の人生を大きく変えるターニングポイントが訪れるのです。

日本茶の専門家になりたい　～日本茶インストラクターへの道

日本茶にかかわる仕事がしたい。こう思い立ったのは、日本で知り合った友人が私を訪ねてスウェーデンに来てくれた2008年のことでした。

その頃、私の部屋には日本で買ってきた急須やお茶があちこちに飾られるとともに、本棚にはお茶の本がぎっしりと並んでいました。その様子に驚いた友人が、

「そんなに日本茶が好きなら、日本茶インストラクター※2に挑戦してみれば？」

と言ったのです。


友人にしてみれば、半分くらいは冗談のつもりだったのでしょう。なぜなら現在の制度では、日本茶インストラクター資格取得のための教材は日本語でしか提供されていません。試験も日本語のみ。つまり、日本語ができない人には、全く歯が立たない資格だからです。

当時、私の日本語レベルはゼロに近いものでした。今からたった9年前のことですが、日本語の読み書きどころか、日常会話すら全くできない状態でした。

しかしながら、「日本茶インストラクターになる」という選択肢を得たほんの数秒で、将来のビジョンが私の中ではっきりと浮かんできたのです。


ワインにはソムリエ、コーヒーにはバリスタがたくさんいるにもかかわらず、ヨーロッパ生まれで現地で活動している日本茶の有資格者は皆無です。それならば、日本でその資格を

取って自分がなればいい。日本茶の専門家になれば、スウェーデン人が味わったことのないおいしいお茶を探し出し、届けることができる。そして大好きな日本茶を、自分の仕事にすることができるかもしれない。

何かの啓示を受けたかのように、1つの目標を見つけた私は、当時在籍していたルンド大学の哲学科を辞め、日本語学科に編入し直しました。

弁護士をしていた父は、私にも弁護士になって欲しかったとは思うのですが、私は法学部に興味を示さず哲学、そして今度は日本語といった全く違う道を選びました。当然のことですが、父親をはじめ周囲をなかなか説得することができませんでした。応援してくれたのは、親友と私が幼い頃から難病におかされ、闘病生活を送っていた母だけでした。母は、

「自分の思う道を進みなさい」

といって、私の背中を押してくれたのです。

2008年9月から始まった日本語学科の授業は大変難しく、漢字の勉強のためにいったいどれだけの週末を犠牲にしたことでしょう。けれども猛勉強の甲斐あり、日本への留学の選考試験に合格することができました。2010年10月から1年間、岐阜大学への留学が決まったのです。

1年間の留学期間は、大変有意義な時間でした。集中して日本語の勉強をすることができた上、人生で初めて茶畑に足を運ぶこともできました。「プロローグ」に記した通り、1つの落胆とそれを乗り越える1つの出会いを経て、改めて「日本茶を仕事にしよう」という決意を新たにしたのが、この時期のことでした。

2011年10月に帰国して、翌2012年6月にルンド大学を卒業した後、予定通り日本茶インストラクターの資格取得のための勉強を始めました。

しかし、この受験のための通信教育の受講を申し込んで、はるばる海を渡って自宅に到着した教材の箱を開けてすぐ、私の心は折れてしまいました。テキストは600ページもの分厚さ。そして思った以上に読めない漢字が多かったのです。「揉捻機《じゅうねんき》」といった専門用語や「売茶翁《ばいさおう》」「頴娃《えい》」などの歴史上の人物や地名などが、ふり仮名なしで掲載されているので、漢字を解読するためだけに何日も費やしました。出題範囲は、製造のことから歴史、科学的なことや流通に関することなど多岐にわたります。日本茶インストラクターの試験は、日本人ですら合格率30%台。決して簡単に合格できる試験ではないのです。

日本語を勉強し始めてたった3年では、漢字力も語彙力も足りておらず、テキストは想像以上に難しく感じました。しかし、バイトをしながら勉強していたため勉強のペースは上がりません。そんな中でも、少しずつお茶の知識が増えていく喜びを感じてはいました。

2012年11月、わざわざこの試験を受けるためだけに来日したものの、手応えを感じられないまま試験は終了。きっとダメだろうとわかってはいましたが、帰国直前に滞在していた友人の家に届いた封書を開け、「不合格」の文字を見た時、思わず号泣してしまいました。

ここ数年間、試験勉強のために自分の時間やお金などをすべてお茶に投資してきました。「弁護士になってほしい」という父親の希望に背いて選んだ道なのに、試験に落ちてしまった上、お金もない、仕事もない。その時は、何もかもなくしてしまったように感じました。

私は、絶望とともに成田からコペンハーゲンへ向かう飛行機に乗り込みました。乗り込んだ当初は心細くて仕方がなかったのですが、10時間近いフライトは、自分の人生を考え直すためには充分な時間でした。いろいろと思いをめぐらして冷静さを取り戻すと、自分が目指したいものは、「資格取得」ではなく、その先にあることに気付いたからです。

資格は確かに1つのステップとして大切なことですが、もっと大切なのはお茶についての知識を深めること。さらには自分の最終目標である「スウェーデンにおいしいお茶を届ける」

ことができるようになるためには、茶業界の中で人脈を作る必要がありました。そのための選択肢は1つしかない、と思いました。日本に引っ越し、生活をするということです。

帰国後、さっそく両親を説得し、日本での就職活動も始めました。

幸いなことに友人の紹介でほどなく日系企業に就職が決まり、2013年4月、東京でサラリーマンとしての生活がスタートしました。そして2014年2月には、念願だった日本茶インストラクターの試験に合格することができました。欧米人では、5人目の資格取得者となったのです。

ペーパードライバーにはなりたくない

2014年に念願の「日本茶インストラクター」の資格を、その前年に「日本茶アドバイザー」の資格を取得していたものの、このまま東京でサラリーマン生活を続けていてもいいものか、私は逡巡していました。

日本茶インストラクターは、日本茶文化の促進のため、正しい知識を発信することを目的に、日本茶アドバイザーはそのサポート的な役割をするために作られた資格です。

試験に合格したといっても、それは単に運転免許証を取得した、というのと同じようなこと。自分で運転して技術を磨く努力をしなければ、ペーパードライバーになってしまいます。私はとにかく、専門性を身に付けて、「お茶のエキスパート」になりたかった。

1年間のサラリーマン生活では時間があれば埼玉や静岡、鹿児島などのお茶の産地へ足を運び、手摘みや手揉みのイベントに参加しました。この時の体験は大変意義深いものでした。

たとえばテキストに、「お茶は蒸して、揉みながら乾かします」と書いてあったとしても、実際にどのように行われているのかは、体験して初めてわかる場合がたくさんあります。実際にお茶の手揉みをやってみると、均一に揉んだ後、なぜ大きさや質が同じ葉を揃えなければいけないのか、その理由を身を持って理解できてくるのです。

しかし、たった1回ではダメ。徹底的に理解して、「良いお茶」がどうやってできるのか。どういった工程の違いによって、「良いお茶」と「それほど良くないお茶」の区別が付くのか。そういったところを見極めるために必要な、お茶の「ロジック」を知るには、何度も産地に行って身をもって体験しないとわかりません。

そんなことを考えている時、東京でお茶のイベントなどでお世話になった日本茶インストラクターの先輩に静岡にある茶業研究センター[※3]の研修生制度のことを教えてもらいました。お茶の栽培や製造にかんする研究、品種の育種などを行う県立の研究機関で、主にこれから茶農家になる人を対象として、1年間の研修制度を実施しているというのです。その間は無給ですが、お茶のことだけを考えながら無料で学ぶことができる絶好の場でもあるわけです。

お茶がどんな環境で作られているのかを知りたかったし、産地で生活することでお茶作りの現場での人脈を広げられるのではという思いもありました。

お茶屋さんの多くは、お茶のサンプルだけを見て、商品の良し悪しを判断しています。それもちろん大切なことなのですが、私はそのお茶の背景、どういう環境でどういう人に育てられているかを知りたいと思っていました。

たとえばワインの世界ならば、志が高いソムリエは産地へと赴き、ぶどうや醸造のことを学ぶでしょう。コーヒーの世界でも同じように、バリスタは産地へと足を運びます。それらはすべての基本のこと。私は、お茶作りの背景を知った上で、1つひとつのお茶にまつわる「ストーリー」を語れる人間になりたいと思ったのです。

そうした背景を知るためには、産地に行くことが必須。東京でさまざまなお茶を飲んでいても、自分から学びに行かなければ何も始まらないと思いました。

私は「脱サラ」をして静岡に引っ越すことを決意しました。2年間のサラリーマン時代の貯金を切り崩しながら、2015年4月から2016年3月までの1年間、研修生としてお茶の摘採と製造などを学ぶことにしたのです。

茶業研究センターでの修行の中で得た気付き

疑問に思ったことを質問すれば、すぐに答えてくれるお茶の研究者に囲まれた茶業研究センターでの日々は興奮の連続でした。

お茶の生産にかんする1年のサイクルをひと通り経験した中で、手揉みにも挑戦。外国人初となる「教師補《きょうしほ》」の手揉み茶の資格も取りました。多くの産地を訪問したり、素晴らしい志でお茶とかかわる農家さんや茶商、研究者の方とも知り合うことができました。

何よりも大きな収穫だったのは、お茶に対して、より現実的で広い視点をもてるようになった、ということです。

これまでの私は、ただのお茶好き。勉強して知識はある程度あったかもしれないけれど、お茶に対してはどこかロマンチックな気持ちで接していました。

都会に暮らしている時は、「自然な香りがするお茶は、ナチュラルでプリミティブな存在」というようなイメージを抱いていましたが、実際に畑へ行くと、農家の方々は仕事としてお茶を育てているわけです。お茶の葉は収入の柱であり、お金そのもの。お茶が傷んで悪くなってしまうことは、お金がなくなってしまうのと同じことで、そうなると、茶農家の方々の生活は立ち行かなくなってしまいます。

高度経済成長期には、お茶は作れば作っただけ売れたといわれていますが、今はそういう時代ではありません。昔と違い、嗜好品の市場が多様化してきたので、お茶以外の飲みものがたくさんあり、それに人口も減りつつあることで、日本茶の消費量が年々減っています。茶農家も高齢化が進み、年々、放任茶園[※4]が増えています。

茶業研究センターでは、新茶の時期に、手摘み、または機械での摘採が始まります。昼頃に工場での製造が始まりますが、掃除も含めて、作業が終わるのは夜の9時くらい。早生品種も晩生品種もあるので、これが3週間ほど続きました。新茶の製造が終わるとすぐに、畑は次の時期に向けて動き始めます。お茶は自然にできるものではなく、手を掛ける人がいるからこそ成り立っているのです。そして人間がどのように手を掛けるかによって、お茶の品質や特徴などが変わります。そのようなごく当たり前のことに気付かされたのです。

産地でお茶を仕事としている人たちの現場を見て学んだことで、以前よりも広い視野で物事を見ることができるようになりました。物作りだけでなく、経済的な体制の大事さも意識するようになってきました。

自分はその中で、いったい何ができるのだろう？　そんな自問自答を繰り返した1年でもありました。

たとえば好きな女の子ができたら、その子のためにいろいろしてあげたいと思うようになるでしょう。私はお茶と出会い好きになったことで、人生が豊かになりました。だからこそ、お茶のために何かしたい。「消えかかっているお茶文化を次世代に遺したい」と思うようになったのです。

日本茶インストラクターの勉強を始めた当初の目標は、「日本茶の知識を身に着けて、スウェーデンに戻り、おいしいお茶を紹介したい」というものでした。しかし、茶業界全体としてみると、それはお茶屋さんが1つ増えるだけのこと。たとえ市場規模をヨーロッパ全体に広げたとしても、お茶の業界や茶農家さんたちにとっては大した助けにはならないでしょう。

自分に強みがあるとしたら、それは日本にいるということ。そして日本語と他の言語が使いこなせること、茶業界の方とのコネクションがあることだといえるでしょう。だとしたら、日本を軸足に活動をした方が可能性が広がるでしょう。そうすれば、もっと大きなことができるのではないかと考えるようになりました。

2017年6月現在、私は日本茶輸出促進協議会という組織に所属しています。その名の通り、日本茶を海外に普及させるための団体で、欧米、アジア、中東などで日本茶をPRする活動（セミナーの開催や見本市などへの参加等）で、世界中を飛び回っています。また、国内でも講演をしたり、セミナーを行ったり、さらに最近はテレビや雑誌、新聞、専門誌などのメディアでお茶の魅力を発信する機会まで与えられています。

メディアは、私のことを「日本茶に惚れ込んで日本までやって来たスウェーデン人」、「日本茶に詳しい外国人」として紹介します。

しかし、もしスウェーデンで日本茶に出会った時、お茶に関する情報が簡単に手に入り、たくさんの種類のお茶を飲むことができていたら、私は今のようにわざわざ勉強などのために日本に来ていなかったかもしれません。選択肢と情報が十分にあれば、お茶好きのコミュニティーができ、その中で日本茶を味わっていたでしょう。


これほどまでに魅力的な日本茶が流通せず、正しい知識も広まらないという現状について、これまでの経験や活動を通して、自分なりにさまざまな問題点が見えてきました。

それは海外に限らず、日本国内の状況についても同じです。日本人にはブドウの品種までいくつか挙げることができるほどワインに詳しい人が多いのに、茶の樹には品種があること自体が、あまり知られていません。日本ではなぜ、お茶の魅力とおもしろさが伝わらないのでしょうか。

私は茶商ではありませんが、日本茶の伝道師として役割を果たせることを信じています。

※1　岡倉天心

1863（文久2年）〜1913年（大正2年）。日本の思想家、美術行政家。本名は岡倉覚三。東大卒業後、文部省に入省。美術教育や調査保存にあたる。東京美術学校（東京芸大の前身）の開設に尽力し、日本美術院を創設した。また、若い頃からアメリカ人の東洋美術史家、フェノロサに師事。明治37年には渡米、ボストン美術館の中国・日本美術部に迎えられ、後に東洋部長に就任した。『茶の本（The Book Of Tea）』は、アメリカと日本を行き来するようになった天心が、欧米に向けて日本文化を紹介する主旨で著したもので、1906年（明治39年）にニューヨークの出版社から最初に刊行された。

※2　日本茶インストラクター

NPO法人日本茶インストラクター協会が認定する、日本茶の中級指導者の資格。一次試験と二次試験から成り、日本茶の歴史や栽培方法、化学や健康効果などの専門的な知識に加え、鑑定方法などの実技をこなすことが求められる。年に一度試験が行われ、近年の合格率は35％といわれている。

※3　茶業研究センター

正式名は、静岡県農林技術研究所茶業研究センター。所在地は静岡県菊川市。栽培育種科、生産環境科、商品開発科、農林大学校茶業分校から成る。茶農家などの茶業従事者やその指導者などの人材育成を目的に、お茶の生産技術の向上や商品開発、育種などの研究を行っている。

※4　放任茶園

茶農家が栽培や管理を放棄した茶園のこと。茶農家の高齢化やそれらに伴う人手不足等から、こうした耕作放棄地が増えている。

第2章

良いお茶って なんだろう？

私が考える、日本茶の魅力

～そもそも日本茶って？

みなさんはどんな時、お茶を飲みますか？

最近、日本茶を飲んで、「ああ、おいしいなぁ」と思ったのはいつでしょう？

来日する前、日本ではみんなが産地などにこだわりながら、良い日本茶を毎日飲んでいるものとばかり思っていたのですが、実際に来てみると大違い。ペットボトルのお茶はよく飲まれているけれど、急須がない家庭も多いと知って、驚きました。

私にいわせると、日本茶があまり大事にされていないように思えます。このようになったことには、いろいろな理由が考えられますが、その1つに日本人のみなさんにとって日本茶はあまりにも日常的な存在であるため、その魅力がわかりづらくなっているということがあるかもしれません。

この章では改めて、日本茶の魅力を紹介していきたいと思います。

私にとって日本茶は、非常に多面的な存在です。

コーヒー、紅茶、ワイン、ウィスキーと同じく嗜好品であり、昔からいわれてきた通り、健康飲料でもあります。ある人にとっては、毎日飲まずにいられない習慣でもあるでしょう。また、茶の湯に代表されるように文化でもあり、急須や湯呑み、茶わんなどのお茶道具からは芸術品も生まれています。

さらに、お茶は癒しであり、くつろぎを与えてくれる存在でもあります。

私が日本茶を毎日欠かさず飲む大きな理由は、日本茶が癒しとくつろぎを与えてくれる存在であるという点にあります。

仕事で煮詰まった時は頭をリフレッシュしてくれるし、ストレスを感じたり、つらいことや苦しいことがあったりしても、日本茶さえあれば、とりあえずほっと一息つくことができる。眠る前にほうじ茶を飲むと、深呼吸をしたくなるようなほっとした気分にさせてくれます。

よく考えると、覚醒すると同時に癒しの効果も得られるとは、非常に稀なことでしょう。これは日本茶ならではの特性です。日本茶に含まれるテアニン[※5]という成分を摂取すると、脳の中にアルファ波が出ることによってリラックス効果が生まれます。心は平和を感じる一方で、カフェインの効果で元気になるから、両方の効果が得られます。

日本茶を飲むとそのさわやかな香りによって、たとえ都会にいてもまるで森の中にいるような気分になります。千利休が作り上げた「詫び茶」の世界を象徴する「市中山居」※6という言葉のように、お茶を飲むことで、たとえ喧騒の中にいたとしても、山の中にいるかのように心が落ち着きます。

日本茶が体に良いということはこれまで盛んにいわれてきましたが、フィジカルな面だけでなくメンタル面にも非常に良い影響を与えるものなのです。日本茶は魂に効く存在だと、私は常に思っています。

お茶のおいしさは何で決まる?

日本茶ほど複雑な味覚の要素を含んでいるお茶は、世界中にそうありません。

一般的に日本茶は「うまみ」がよく出ているものがおいしいといわれていますが、日本茶の味の成分はそれだけではありません。

日本茶を構成するのは、「うまみ」「甘み」「渋み」「苦み」という4つの要素。飲みやすさだけを優先させてしまうと、「うまみ」と「甘み」が強いものばかりに目がいってしまいがちですが、「苦み」や「渋み」だって立派な魅力。単に「渋み」「苦み」といってしまうと敬遠されることが多いので、最近はいろいろな講演会などで、「さわやかな渋み」「上品な苦み」などと形容詞を付けて表現すれば良いのではないかと提案をしています。こうすると魅力的なものとして見直す方が増えるのではないかと期待しています。「渋み」や「苦み」も、お茶をおいしくする重要な要素なのです。

日本茶がコーヒーや紅茶などの他の嗜好品と大きく違うのは、淹れ方によって味や香りが変わること。同じ茶葉で淹れたとしても、お湯の温度と浸出時間によって、「うまみ」「甘み」「渋み」「苦み」を調整することができるのです。

自分の好みに合わせて淹れられるだけでなく、誰かにお茶を淹れる場合、その人の好みにも合わせることができるということは、相手を思ってお茶を淹れることで、最高のおもてなしができるということなのです（淹れ方の詳細は第4章で紹介します）。

もう1つ、「香り」が良いことも日本茶の特徴です。特に、国内では「日本茶は香りを楽しむもの」という意識をもっている人は少ないのではないかと思います。けれども、日本茶はその独特な製法によって、お茶の新鮮な香りが保たれているのです。

たとえば紅茶や烏龍茶を製造する際には、お茶の葉を萎らせる「萎凋《いちょう》」と呼ばれる工程があります。この工程で、紅茶や烏龍茶などがもつ香りが生まれるのです。

日本茶の製造工程では、「萎凋」が起こる前、すぐに生葉を蒸すことで発酵を止め、柔らかくなった蒸葉を揉みながら乾かしていきます。そうすることで、茶葉が元々もっていた香りと味を保つことができるのです。

中国にも緑茶はあるのですが、日本の煎茶のように蒸した後に乾かす「蒸し製緑茶」ではなく、ほとんどが釜で炒った「釜炒り製緑茶」なのです。このお茶ももちろんおいしいのですが、「釜香《かまか》」という独特な香りが付きます。

紅茶、烏龍茶、そして緑茶も、ともに同じ茶樹の葉を使いますが、日本で作られている蒸し製緑茶だけは茶葉がもっている自然な香りが最大限に保たれています。だからこそ、飲むと山々を思い起こさせるさわやかな香りがあると考えられます。

もちろん、茶の樹の品種によっても味や香りなどが変わります。

みなさんはふだん、自分が何の品種を飲んでいるかご存知ですか？　あまり意識しないで飲んでいる方の多くは「やぶきた」という品種のお茶を飲んでいるでしょう。ふつうのお茶屋さんで販売されているのはほとんどがこのやぶきたです。[※7]やぶきたは日本で栽培されている茶の面積のうちで約75%を占めています。やぶきた以外の品種のお茶は、これまであまり広まりませんでしたが、これからはさまざまな個性をもった品種茶がますます増えていくことを期待しています。そうなると、ますますおもしろい時代になっていくでしょう。これも後ほど説明します。

ちなみに、私がお茶に求めているのは、長く余韻が続くことです。飲み込んだ後、何分間もうっとりとするような香りが口と鼻に残っているような……。

ただし、お茶をゆっくりと味わいたいという時もあれば、会議などの前には余韻が長く響くお茶を飲むよりも、頭を冴えた状態にしてくれる渋いお茶が飲みたくなります。

反対に積極的に飲みたいと思わないのは、いわゆる「飲みやすいお茶」。うまみや渋み、苦みなどさまざまな要素が混ざり合い、ちょうど良い刺激になってこそ、味わい深いお茶になるのではないかと、私は個人的には思っています。

人生だって同じだと思います。楽しいことばかりでなく、つらいこと、悲しいことを経験してこそ、人としての深みが生まれるのですから。

山のお茶と里のお茶

お茶を生育地で大まかに種類分けする時、「山のお茶」「里のお茶」と呼ぶことがあります。お茶は育つ環境によって、味と香りが変わります。茶園の管理によってうまみ成分を増やすことができるのですが、さわやかな香りなど環境に依存する要素もあります。

「里のお茶」は、静岡の牧之原台地や鹿児島の知覧など、平坦地にある茶園で作られています。日本で最も大きな茶園といわれている牧之原台地は５０００haほどの広さとされます。サッカーフィールドが大体０・７haなので、その７０００個ほどと見渡す限りの広さの茶園が広がっています。

お茶の成分のうち、甘みとうまみを演出するのは、テアニンなどのアミノ酸。その中でテアニンは太陽の光を浴びると、カテキンに変わっていきます。本来ならば、平坦地だと日当たりが強く、渋みと苦みが強いお茶になるはずです。

しかし平坦な地域でも、栽培方法と製法で、これを調整することができます。たとえば摘採の２週間ほど前から覆いをかぶせると、お茶の葉が成長してもアミノ酸の含有量を高く保つことができます。その場合には、海苔に似たような「かぶせ香」が付きます。また、蒸す時間を長くすると、香りは失われますが、その分苦渋味を抑えることができ、濃厚で飲みやすいお茶になります。この、長く蒸してできたお茶はよく「深蒸し煎茶」と呼ばれています。

一方、「山のお茶」はその名の通り、標高の高い山の中で作っているお茶のことです。静岡市内の[※8]葵区横沢《あおいくよこさわ》という私がよく訪ねる茶園は標高８００ｍで、おそらく自然仕立ての手摘みの日本国内のお茶の産地としては、もっとも標高の高いところだといわれています。こうした山間地で作られたお茶は香りが良いのが特徴で、たとえば同じやぶきたであっても、山のお茶ならではの上品な香りがします。山間地は平坦地より日照時間が短く、朝晩の霧や周りの木々によってつくられる影によって、摘採の時期まで甘みとうまみが自然に残るのだと思われています。

うまみは茶園の管理によって増やすことができるのですが、私の今までの経験からすると、香りは非常に環境に依存するものであるように思います。

品種茶のおもしろさ

現在、日本では１００種類以上の茶の樹の品種が登録されています。中には花やハーブの香り、綿菓子のような甘みのあるもの、枝豆のような香りがするものなどがあり、非常に魅力的な世界が広がっています。個性的な日本茶を味わいたければ、品種茶ならその期待を裏切りません。

初めて品種茶を飲むと、「お茶の概念が変わった」と驚く人も少なくはないと思います。何を隠そう私もその１人です。やぶきた以外の品種で、わりと早い段階で飲んでみたのが、「香駿《こうしゅん》」というものでした。口に含むと、今まで日本茶で感じたことのない強い花の香りがすぐに鼻に上がってきました。しかし、フレーバーティーのようなしつこい香りではなく、とても快い香りです。多少苦みがあったのですが、後味も残った香りも甘かったのです。今まで飲んできた煎茶とあまりに違い過ぎて、私がもっていた煎茶の概念を覆すものでした。ようやく品種茶と出会うことができたのです。

茶の樹の品種は、香りが強いものとうまみの強いものの2種類に大別されることがあります。

「香駿」は「香り系」の代表的な品種で、ハーブやフローラルな香りと少し強めの苦みが特徴です。ビールにたとえると、エールのようなものになります。

「静7132」も香り系の代表格で、ほのかな桜葉の香りが感じられます。

「おくひかり」はシャープな山の香りが印象的な、全体的にやぶきたよりも力強いお茶です。

「蒼風《そうふう》」は印雑系と呼ばれている品種で、「静《しず》-印雑《いんざつ》131」というインドの遺伝子が入っている品種とやぶきたをかけ合わせたものです。マスカットのような芳香も感じられます。

他の印雑系には、スミレやバラなどの花の香りがする品種もあります。


これらは品種茶のほんの一部ですが、せっかくこれほどのバリエーションがあるのですから、さまざまな日本茶を味わってみないと非常にもったいないないと思います。

幸いなことに、最近では品種茶を提供している茶専門店が増えつつあります。インターネットの普及によって、珍しいお茶が以前よりも簡単に入手できるようになってきました。15年くらい前だったら、市場にはほとんど出回っていなかったので、品種茶を飲みたいと思っても、手に入れることは非常に難しい状況でした。

私は講演会やメディアなどで品種茶のおもしろさをよく紹介していますが、必ずしも茶業界のみなさんに応援して頂いているわけではありません。「品種茶は日本茶のごく一部に過ぎず、紹介しても業界が助かるわけではない」と批判されることがあるのです。確かに、現在の生産量を維持しようと思えば、ブレンドの販売を促進しなければなりません。

しかし、ウィスキーの世界にしても、シングルモルトはウィスキーのうちのごく一部です。ほとんどのウィスキーはブレンドですが、シングルモルトがあるからこそ、「ウィスキーはおもしろい」と魅力を感じる人が増えてきたのではないでしょうか。

ワインも同じで、ボルドーのようなブレンドがある一方、ブルゴーニュのように小さな単一農園で作ったワインも存在しています。どちらが正しいかではなく、それぞれに良さがあって、両方があるからこそ、それぞれの世界を豊かにしてくれるのだと思います。最近はコーヒーやチョコレートの世界でも、同じような現象が起こっています。

日本茶はというと、現在はほとんどの人が、あまり考えることなくやぶきたのブレンドのお茶、もしくはペットボトルのお茶を飲んでいます。

そうした中で、品種茶というこれまで脚光を浴びることがなかったジャンルに注目が集まり、単一農園単一品種である「シングルオリジン」のお茶が出回れば、日本茶というジャンルの魅力が増し、結果として日本茶の魅力を再発見する人が増えるのではないかと思います。そうなるとブレンドの販売にも波及効果が期待できます。これらのことを考えると、品種茶はこれから大事な役割を果たしていくと私は考えています。

ブレンドとシングルオリジンの違い

では、なぜ店頭で販売されている日本茶はほとんどが「ブレンド」されているお茶なのでしょうか。これはお茶の流通のしくみにかかわりがあります。

日本茶の生産者は「荒茶」というものを作って、それを茶問屋に出荷します。荒茶とは、茶工場で揉み終わって乾燥させたお茶のことですが、形は不揃いで雑味と青臭みがあります。しかも水分がまだ3％以上であるため、長期保存に向いていません。

製品にするためには「仕上げ」という工程が必要になります。この工程では振るい分けなどによって、形を整えます。もう1つの欠かせないことは、火入れです。火入れとは、お茶を乾燥させるための工程ですが、これによって青臭みが消えるとともに水分が3％程度まで減ります。こうしてお茶は保存性の高い乾物になります。

ところで、振るい分けの工程で出た粉は、寿司屋さんなどで使う「粉茶」、茎は「茎茶」になります。

火入れを強めにするか、弱めにするかは茶問屋さんの判断になりますが、場合によっては販売先の希望に合わせることがあります。

火入れと選別・整形以外にもほとんどの場合は「合組《ごうぐみ》」という工程があります。合組とは、さまざまな生産者から仕入れた荒茶をブレンドすることですが、こうすることによって味と香りの安定した商品を毎年作ることができるのです。

日本茶の世界では、ワインやシングルモルト・ウィスキーのように、その年の天候や土地、作り手の個性や特徴を引き出すという考えは比較的少なく、どちらかといえば個性はマイナス要素として考えられてきました。しかし大量にお茶を市場に出そうと思えば、このようにしてブレンドすることが合理的なのです。

問屋さんにはもう1つ大切な役割があります。農家さんはお茶を作ったらすぐに売って資金を得ないと、翌年のお茶を作ることが極めて難しくなります。そのため資金がある問屋さんに買い取ってもらうことで、安心して生産を続けることができるのです。一方、問屋はたくさんのお茶を買うことで、一定の品質のお茶を安定的に製造することが可能になります。このように、問屋はある意味、銀行のような機能も果たしているのです。

ただ、一般消費者にしてみると、「これは鈴木さんが作ったお茶の味」「これは野村さんの山の香りがする」というように、作り手個人の顔がなかなか見えてこない構造になっていることも間違いありません。

日本茶のこうした流通方法は、決してお茶の個性を消すために作られたわけではないのですが、私個人としては、やはりいろいろな品種や産地、そして作り手の顔が見えるお茶もあった方が楽しいと思っています。

もう1つ、一般の消費者にわかりづらいのが「八女茶」「狭山茶」「知覧茶」といった産地の地名が付いたブランド茶でしょう。私もたびたび、「どういった違いがあるのですか?」という質問を受けることがありますが、実はそれに答えるのはものすごく難しい。

なぜなら、こうしたブランド茶の品種のほとんどが「やぶきた」だからです。同じ茶の樹を、同じように育て、同じ製法で仕上げる。しかも、場合によっては鹿児島や福岡の茶農家が、静岡の問屋に出荷し、静岡でブレンドされることも多いので、産地ごとの違いは出てきづらい状況があるからです。

とはいえ、産地によって違う製法が採用されることもあるので、そういった場合はお茶の特徴が出ています。たとえば、鹿児島の知覧や静岡の牧の原といった平坦地のお茶は、さきほど説明したように、日当たりが強く、渋みとうまみの成分が増え、通常の製造方法だと苦いお茶になってしまいます。そこをより長く蒸す製法を用いることで、マイルドで飲みやすいお茶ができます。

それ以外にも、「ここのお茶は芋の香りがする」など、産地ならではの特徴が出てくるものもありますが、一般的には区別しづらいのです。むしろ、違いが目立ち過ぎると問屋さんにとってはブレンドしにくくなるので、違いが出ないように作られてきた背景があるのです。

作っている場所が違うのだから、本来ならば産地によってそれぞれに違う特徴をもっているはず。しかし、残念ながらこれは販売される際に活かされていません。

「このお茶は、この土地で作られるからこういう製法になっています」

「この地域はこういう気候、地形だから、こういう品種が育てられています」

といったように、具体的な言葉を使って宣伝すれば、差別化ができるはずです。すると、それぞれの土地のお茶の良さ、おもしろさが伝わるので、その土地のお茶を飲みたいと思う人がどんどん増えていくでしょう。

お茶を作る人、売る人、そして飲む人も、自分の地元のお茶や自分がいつも飲んでいるお茶にはどういう特徴があるのだろうと改めて考えてみることで、それぞれの魅力をよりいっそう理解することができるのではないかと思っています。

お茶の品評会のしくみ

山の産地で開催されるイベント、お茶祭りに行った時のことでした。

そこで、農家さんたちが自分の農園で作ったお茶をふるまっていました。飲んでみるとどのお茶もおいしいのですが、それぞれの違いがわかりにくかったのです。

並んでいるのは、品評会に出品したり、賞を取ったお茶で、どれもきれいな茶葉だし、味も香りも良い。お茶作りの技術も優れています。

だけど私は、「もったいないなぁ」と感じてしまうのです。ふだんめったに来られない場所に来て、何人かの農家さんのお茶が飲めるのだから、「もっとそれぞれの土地や作り手の顔が見えるお茶が出てくればいいのに」と思ってしまうのです。

このような状況の背景の1つに、お茶の品評会の存在があります。


日本茶には「全国茶品評会」をはじめ、さまざまな品評会があります。

こうした品評会の目的は、茶農家さんたちの技術向上のためであって、ワインと違い、個性が強く、おもしろいお茶を探すためのものではありません。

品評会の審査項目は、「外観」「香気」「水色《すいしょく》」「滋味」の4つ。機械で測定するのではなく、人間がどう感じるかという官能検査によって審査されます。

見た目で評価する「外観」に対して、「香気」「水色」「滋味」の3項目は、「内質」と呼ばれ、茶葉に熱湯を注いで5分間浸出したものを評価していきます。

それぞれの項目にはあらかじめ、理想とされる状態があります。たとえば「外観」であれば、針の形で、つやつやとしていて、色は鮮やかな緑。「香気」は新鮮でさわやかな香りが際立ち、他に目立つ香りがあまりないこと。「水色」は黄緑色で明るく澄み、濃度感のあるもの。「滋味」はうまみが強く甘みもあって、渋みと苦みが少ないこと。茶農家さんたちが作った荒茶は、こうした理想的な状態をどれだけ満たしているかを減点方式で評価されます。そうすることで「欠点の少ないお茶」作りを目指してもらうのです。

品評会は技術向上において必要なものなのだと思います。

しかし問題なのは、多くの茶農家さんたちが品評会で良いとされるお茶ばかりを作ろうとしてしまうこと。みんなが「欠点の少ないお茶」ばかりを作ると、それぞれの産地や土地の特性、さらには作り手の個性が見えにくいお茶になってしまうと思います。

お茶の個性は土地と人間の力で決まる

品種茶だけを推すからといって、私はもちろんやぶきたのことが嫌いなわけではありません。やぶきたは濃厚な甘みとうまみ、山々を思わせる優雅な香りがあり、非常にバランスがとれている優れた品種です。

個性が際立った品種茶と違い、毎日飲んでも飲み飽きません。たとえば朝からフローラルな香りが強い「香駿」を飲む気持ちにはなれませんが、やぶきただったら、いつ、どんなシチュエーションであってもおいしく飲むことができます。

そんなやぶきたのおいしさを最大限に引き出すには何をすればいいか。それを考え抜いて実行した生産者に、築地勝美さんという方がいました。築地さんは、静岡市の葵区横沢（本山玉川地区）にある「東頭《とうべっとう》」という山に囲まれた場所に、30年ほど前、茶園を開きました。

標高は静岡におけるお茶栽培の限界地点とされる、８００ｍの地点。ここまで高い茶園は全国でもなかなかありません。車では行けないくらい山の中の場所なので、行き着くために、最後は50分ほどのハイキングが必要になります。電気もガスもなく、冬には雪も積もることがあります。

そうした過酷な環境の、わずか40ａの急斜面にお茶畑を作った理由は、最高の日本茶を作るためだといわれています。

なぜなら寒暖の差が大きい土地ほど、香り高いお茶ができる、といわれているからです。そのために、作業性や利便性を考えず、あえて辺鄙な場所にある山奥を開拓したのです。

東頭のお茶は、私にとって「日本の山の香り」そのもの。口に含むと、木々が生い茂る日本の山々を思い起こさせてくれます。しかも、ものすごく余韻が長い。まさに、環境がお茶を育てるということを実感できるのです。

とはいえ、東頭のお茶を東頭のお茶にしているのは、人の手以外の何物でもありません。天才茶師と呼ばれた築地さんは、お茶の葉が元々もっている香りをいかに壊さず製茶するかを考え抜きました。通常、摘採したお茶の葉を蒸す時間は25〜30秒ですが、築地さんはたったの数秒。短時間で十分な加熱を行い、香味を茶葉に多くとどめようと考えたのです。ただし加熱が足りないと酸化酵素を失活させられないため、※9「殺青不良《さっせいふりょう》」という状態になり強い苦みやひどい場合は赤くなったりします。築地さんは短時間で加熱が終わるように水蒸気の質や生葉を揃える工夫を重ねてそれを可能にしたのです。それはまるで魔法のようでした。

築地さんは２０１４年９月にお亡くなりになられましたが、ともに製茶にかかわっていた甥の小杉佳輝さんがその志を継いでお茶作りに励んでいます。

それにしても「東頭」という地名は、一度聞いたら忘れられない不思議な響きがあります。元々は「東別頭」と書いたそうですが、「別」という漢字は（別れるという意味を連想させ）縁起が良くないということで取ってしまったのだそうです。

そして生まれたこの「東頭」。このうち「頭」＝「トップ」と捉えて、「東アジアでトップになる」という気持ちも込められているといいます。〝Top Of The East〟という英語名も付けられているので、SNSに投稿する時は、外国人のフォロワーにも発信するために #Top Of The East のハッシュタグも付けることにしています。

東頭がその名を轟かせているもう1つの理由は、日本で一番高いお茶だということ。しかし、100gで1万円という値段は、本当に驚くほど高いでしょうか？　ワインやウィスキーの最高峰のものと比べたら、手が届かない値段というほどではありません。ワインの最高峰といわれるロマネ・コンティは1本100万円以上するものがある一方、日本茶の最高峰といわれるお茶はたった1万円なのです。

在来種はミステリアスな存在

みなさんは「在来種」という言葉を聞いたことがありますか？　元々その土地で作られて

いた、品種固定がされていない植物種のことをいいます。日本茶にもそれぞれの土地の在来種で作られたお茶があります。

このお茶が非常におもしろい存在なのです。

在来種のお茶の木は一本一本違う遺伝子をもっているため、香りや味の個性もそれぞれ違います。それぞれの土地、それぞれの農園で作った在来のお茶ばかりか、同じ茶園の木で作られたお茶でも、今日飲んだお茶と、明日飲むお茶が違うこともあります。

それを「昨日はすごく良かったけど、今日はあまりおいしくない。このお茶の味は安定しない」と取るのか、「今日はどんな味がするのだろう。おもしろいなぁ」と取るのか。私は間違いなく後者なのですが、安定した品質を提供したいという思いから生まれたのが、やぶきたなどの品種茶でした。

やぶきたという品種が今のように普及したのは1960〜1970年代。それ以前はどこの産地のどこの茶畑も、すべてが在来種のお茶でした。

それがどうして、やぶきたに取って替わられたのか。その理由の1つがお茶の樹の受粉の仕組みにあります。

お茶の樹は自家受粉をしない、という特性をもっています。つまり、自分の花粉、同じ品種の花粉は受け入れないので、自然受粉する時は近くに生えている別の品種の花粉が風や虫に運ばれて、種を作ります。すると、その種は母親となっている木と花粉の元になった木、2つの遺伝子を受け継ぐことになるため、在来の茶畑にある木は、1本、1本が、人間と同じようにそれぞれに違う特徴をもつことになるのです。

たとえていうと、在来の畑は同じ茶園にやぶきたと香駿、蒼風などたくさんの品種の木が隣り合わせに育っていて、それを収穫してお茶を作る感覚。摘採したお茶の葉は、それぞれ遺伝子的に違うから、フローラルの香りがするもの、スミレやバラの香りがするもの、いろいろな特性があるため、栽培の段階からブレンドされているようなものなのです。

つまり、在来種のお茶は人間が意図的に作ることができないお茶。だからこそ、ミステリアスな存在なのです。「昨年のものはすごく良かったけど、今年はどうだろう？」と、飲んでみるまでわからないのです。そこがとってもおもしろい。

それに対してやぶきたなどの品種茶は、種ではなく挿し木をして増やすクローン技術によって育成するのが一般的。同じ遺伝子をもった木が並んでいるため、品質的に安定したお茶作りが可能になるのです。

農作物において、1品種に偏ると、病害虫の被害で全滅になる危険性を含んでいます。もちろん国や都道府県の試験場にはいろいろな品種があり、現在も品種の改良（育種）を行っていますが、将来のことを考えると、全国にいろいろな品種が存在していた方がいいわけです。

しかしながら、在来種を育てている農家がものすごく少なくなっているのが現状。山の茶園の片隅にひっそりとある程度です。取り扱っているお茶屋さんもあることはあるのですが、非常に希少。見かけたらぜひ飲んで、ミステリアスな味わいを楽しんでみてください。

クラフトビールのような和紅茶

日本でも紅茶が作られているのをご存知ですか？

最近では「和紅茶」とも呼ばれ、国産紅茶を楽しむ人が増えていますが、実は日本での紅茶栽培の歴史は意外に古いのです。

明治時代、日本茶は生糸と並んで、主力の輸出品だったのですが、明治時代後半には、世界のお茶の市場は緑茶から紅茶が主流となっていきました。

日本でも鹿児島や静岡など、紅茶栽培を行っていたのですが、従来日本で作られていた茶葉は、紅茶には向いていませんでした。もちろん、製法を同じにすれば紅茶はできますが、元々カテキンの含有率が少ない日本産の茶葉は、紅茶らしい渋みと香りの強いお茶になりにくいのです。紅茶を作る時、酸化酵素の働きにより、茶葉のカテキンがテアルビジンやテアフラビンといった紅い色を呈する成分に変化します。インドで栽培されているアッサム種のように大きくて、カテキンの含有率が高い葉の方が、紅茶は作りやすいのです。

旧幕臣である多田元吉[※10]という人物は、紅茶製造の技術を学ぶため、中国やインドのダージリン、アッサムに赴きました。その時、持ち帰った茶の種は日本の気候風土に合うよう品種改良が行われました。その結果、「ただにしき」「べにほまれ」「べにふうき」などの日本ならではの紅茶に適した品種が誕生しました。さらには「静-印雑１３１」「蒼風」など、「印雑系」と呼ばれる日本茶に適した品種も生まれたのです。

昭和初期にピークを迎えた日本の紅茶生産は戦後、競争力を失って衰退。１９７１年に紅茶の輸入が自由化され、国産の紅茶はごく一部になりました。

それでも、最近「和紅茶」や「地紅茶」という名称が付けられ、国産の紅茶が注目されるようになったのは、がんばって紅茶作りを行っている生産者がいるからでしょう。

その1人が静岡の丸子《まりこ》の村松二六さん。この丸子という土地は、元々多田元吉の農園があり、インドから持ち帰った種を植えた場所。その茶樹が土地開発で消滅しかかっているのを見て、村松さんは紅茶作りをスタートしたといわれています。

彼が作る無農薬、有機栽培の「べにふうき」は、グレープフルーツやレモンのような渋みと酸味をほのめかしながら、渋みのパンチが効いたお茶。私は個人的にこんな紅茶が大好きです。

また、静岡・藤枝の三井農林、静岡・川根の高田農園、益井園、島田の井村製茶などもおもしろい紅茶を作っています。どれも大きな工場で作られるのではなく、少量を手作り感覚で生産しており、ある意味クラフトビール※11のような存在です。これからどんなふうに成長していくかが、楽しみでもあります。

ただし、こうした一部の作り手を除いて、現在の国産紅茶は玉石混交。クオリティーの低いものもたくさんあります。

「和紅茶」とはこういうもの、という明確な定義がないため、味と香りのプロフィールがばらばらなのが実情です。煎茶は味や作り方の理想があり、それぞれの生産者が切磋琢磨しながらお茶作り励んでいますが、和紅茶には、そうした状況は残念ながらまだありません。雑誌などには、「海外の紅茶より味がやわらかい」「海外の紅茶にはないうまみがある」といった触れ込みで和紅茶に関する記事が紹介されることもあるようですが、私にとって紅茶は渋みと香りがあってこそのもの。やぶきたで作る紅茶は、全くの別物のように思えます。

やぶきたの紅茶がこれまでの紅茶とは全く違う存在であるという点では、それなりの居場所があるのかもしれませんが、やぶきたはやはり、煎茶を作るのにふさわしい品種なのではないかと私は思います。

苦みがうまみ、有機栽培のお茶

一般的に有機栽培のお茶は、うまみが少なくて苦みの強いものが多いといえます。お茶のうまみは、肥料によって左右されます。うまみを強く演出しようと思えば、しっかり肥料を与えなければならないのですが、すると病害虫も付いてきてしまう。有機栽培の場合、化学肥料が使われないため、慣行栽培のお茶と比べれば、苦みを強く感じます。

でも、考え方次第なのかなと思います。

農薬で守られている茶葉に比べて、有機のお茶の葉は硬い。害虫や病気、カビなどから自分の身を守るためにそうなっていくのでしょう。

でも、昔のお茶は、おおむねこんな感じだったのではないかと思うのです。お茶が今のように洗練された味になったのは、戦後の高度経済成長期に入り、やぶきたが導入されて、普及してからのこと。当時、日本全体でお茶の消費量が上がっていったので、お茶は作るそばから売れていきました。その売上げで茶農家さんたちは肥料や農薬を買うことができたのでしょう。

以降、日本のお茶は今のようなやわらかい葉で作られ、洗練された味になっていったのです。それ以前のお茶は、有機栽培のお茶のように、うまみよりも苦みが強く、野趣あふれる味だったのでしょう。

有機栽培のお茶は、口に入れた瞬間から苦みのインパクトが強く、それがフィニッシュまで続くので、ふだんからやぶきたのうまみに慣れている人は、びっくりするかもしれません。

でも、私はこうした苦みも嫌いではないのです。エール[※12]（ビール）やダークチョコレートなど自然に苦みが強いものがずっと好物でした。ただ苦みだけではなく、フルーティーな香りと甘みもあってこそこれは嗜好品としておもしろいのです。

上手にできた有機栽培のお茶は、苦みとともに甘みを感じることができるのです。そして、苦みはお茶を淹れる時にお湯の温度を下げたり、茶葉の量を減らしたりすることによってやわらげることができます。

ほうじ茶と番茶

番茶は地方によってさまざまな定義がありますが、基本的には高級ではない、ふだん使いのお茶のことであるとともに、一番茶以外で作ったお茶のことも指します。番茶とほうじ茶を混同する方が多いようですが、番茶は基本的には緑茶の仲間です。

昔は茶農家でなくても家の敷地内にお茶の木があり、自家用のお茶を作っていました。葉だけでなく、枝ごと刈り取って、炙ったり、蒸したり、茹でたり、釜で炒ったりと、いろいろな方法で自家用のお茶を作っていたようです。

「製品」としてのお茶が流通し始めて以降、そうした習慣はどんどん減っていき、今ではほとんどなくなってしまいました。

私が岐阜大学に通っていた時、美濃に住む友人のおばあさんが昔、番茶作りをしていたと聞きました。その友人が子どもの頃、おばあさんの家へ遊びに行くと、ストーブの上のやかんに自分の畑で作ったお茶の葉が入っていて、ずっと煮出していたのだそうです。おそらく、摘んだ葉を最初に蒸すか茹でた後、天日で乾かしたものを使っていたのでしょう。

こうした家庭の番茶とは別に、今もがんばっている地方番茶もあります。

有名なのは京番茶。原料となるのは、玉露などを摘採した後に残っている大きな葉です。それを、枝ごと刈り取って蒸した後、天日干しなどをして乾燥させます。その後揉まずに大きな鉄釜で炒りあげていくので、独特のスモーキーな香りが特徴です。

私が好きでよく飲んでいるのは、島根で作られている番茶。樹齢100年くらい茶の樹からとれた大きな葉を蒸した後、天日干しなどにし、揉まずに高温で焙じます。これもすごく香ばしくて、食事の際などに飲んでいます。

こうした地方番茶はほうじ茶の系統に入りますが、一般に流通しているほうじ茶は出物《でもの》※13を利用したものです。煎茶の荒茶を仕上げる際に出た茎や大きな葉、または二番茶以降の茶を強火で炒って仕上げます。カフェインが少なく、香ばしくてさっぱりした後味なので、食事中や寝る前に飲むのに適したお茶です。

冬には〝熱さ〟もごちそうに

この章では、日本茶のおいしさについて考えてきました。品種や環境のこと、また育て方によってお茶の香りや味わいがどう変わってくるのかということについて、私が知っていることを紹介しました。

最後にもう1つ、日本茶の味と香りを左右するものがある、ということをお話します。

それは「淹れ方」です。

先の項でもいった通り、日本茶はお湯の温度や茶葉の量を変えることで、そのたびに異なるおいしさを演出することができます。私がおすすめする方法は、最初は低温のお湯で淹れ始め、しだいにお湯を高温にして淹れる方法です。

一煎目はまず低い温度で淹れ、うまみを楽しむ。二煎目はお湯の温度をやや上げて、渋みと香りを楽しむ。そして三煎目からは高い温度で上品な苦みを味わう。このように同じ茶葉で異なる風味を楽しむことができるのです。

朝など、重い口当たりのお茶を飲みたくない時は、いつもより茶葉を少なくすれば良いでしょう。するとうまみが多く出ないため、重さを感じさせないお茶を淹れることができます。

また茶葉の種類ごとに、「玉露は50℃くらい」、「煎茶は70℃くらい」といった適正温度があるといわれていますが、TPOに合わせることも重要だと思うのです。

外が寒くて、体が冷えている時、ぬるい玉露を出されてもあまり喜ぶ人はいないでしょう。それよりも、熱いくらいの温度のほうじ茶や煎茶を飲んだら、体だけでなく心も温まります。寒い冬には、お茶の熱さもごちそうなのです。

いくらいいお茶で、淹れ方が素晴らしくても、TPOに合わなければ、「おいしいお茶」

にはならないのでは、と思います。

いつ、どんなお茶を飲むか、というタイミングも、おいしさを左右する大きなポイントなのです。

※5　テアニン
お茶特有のアミノ酸の一種で、グルタミン酸の誘導体。うまみや甘みの素になるといわれている。

※6　市中山居
読み方は「しちゅうさんきょ」。町中にいながらにして、山の中にいるような静けさを味わえる様子を指す。千利休が提唱した「侘び茶」（茶の湯の一様式で、簡素で「侘び」の精神を重んじた）のイメージを具現化したものに対応する言葉として使われることが多い。

※7
農林水産省による２０１２年（平成24年）の茶園面積における品種別の割合の調査結果によると、「やぶきた」は75%と圧倒的なシェアを占めている。次に「ゆたかみどり」「おくみどり」などの品種が続いているが、やぶきた以外の品種茶の割合はどれも数%で、大差がない。

※8　葵区横沢《あおいくよこさわ》
静岡市の行政区の1地区。「本山・玉川地区」ともいわれる。静岡市を流れる安倍川の上流域の地帯で、良質なお

茶の産地でもあり、そこで作られたお茶は「本山茶」と呼ばれている。ミネラル分が豊富な土壌と川霧が濃い独特な山間地の環境は、お茶の栽培に適しており、江戸時代からお茶の産地として知られていた。「本山茶」という呼び名は、大正時代、「本物のお茶」という意味を込めてそう呼ばれるようになったといわれている。

※9　殺青不良《さっせいふりょう》

煎茶作りでは、摘み取った茶葉を一度蒸して酸化酵素の働きを止め、茶葉の色（緑色）を維持しながら青臭みを取り除く「蒸熱」という工程があるが、この段階の加熱が不十分であるため、酸化酵素が完全に失活せず、茶葉の酸化が進んでしまう状態のことをいう。

※10　多田元吉《ただもときち》

１８２９年（文政12年）～１８９６年（明治29年）。幕末の幕臣で、茶の栽培家。上総国富津村（現千葉県富津市）出身。１８６９年（明治2年）、幕府崩壊後、徳川慶喜に従い、駿河（静岡県）に赴き、拝領した長田村（静岡市丸子）にて茶園を開拓、茶の栽培を始める。１８７５年（明治8年）、明治政府が彼の技術を評価し、十等出仕として勧業寮第七課に配属。中国とインドの視察を命令し、１８７６年（明治9年）、インドのアッサム地方、ダージリン地方、セイロン島に向かう。１８７７年（明治10年）に帰国。アッサムから持ち帰った紅茶の原木を丸子にて栽培し、アッサム種の栽培を指導した。

※11　クラフトビール

英語では、「職人技のビール」や「手作りのビール」などの意味をもつ。大手のビール会社が量産するビールではなく、小規模なビール醸造所で作られる、個性豊かで高品質なビールのこと。

※12　エール（ビール）

上面発酵（上面発酵酵母を使用し、20～25℃という高めの温度で発酵を行う醸造法）という伝統的な方法で醸造されるビールの一種。フルーティーな香味をもつ、奥深い味わいのビールになるといわれている。

※13　出物《でもの》

お茶の製造の仕上げ工程で選別された本茶以外のもの。茎、浮葉《うきは》、粉などのこと。

第3章

1つひとつのお茶に宿るストーリーを伝えたい

お茶にもそれぞれストーリーがある

日本では、当たり前のように良いお茶を飲む習慣があると思って来日した、という話を書きましたが、他にも驚いたことがあります。

日本ではお茶があまりにも日常的なものになっていて、「おいしいもの」や「嗜好品」としての意識が薄いように感じられたのです。

特に若い世代などの年齢層を問わず、多くの人にとって、お茶＝ペットボトル。水分補給や食事の際に合わせて飲むものとしての役割が強くなっており、ひとやすみしたい、ゆっくりしたい時に選ばれる飲みものとして飲む人は案外と少なく、マイノリティーといえるかもしれません。

前の項でもお話した通り、若い世代には急須で淹れたお茶を飲む人がとても少なく、この状況を改善するには、日本茶を口にする機会を増やすとともに、日本茶に興味をもってもらうことが必要。そのためには、１つひとつのお茶に宿る「ストーリー」を伝えることが大事だと思うのです。

ワインや日本酒など他の嗜好品では、「こういう環境だからこういう味のものができました」「こんな生産者が、こんな苦労や工夫などをして作っています」というようなストーリーがよく伝えられていますが、日本茶の世界ではそうした背景があまり見えてきません。「こういう畑で、こういう品種を、こういう思いを込めて作りました」という生産者のストーリーを掘り起し、それを消費者の方に伝えることができれば、日本茶の世界は、ぐっとおもしろくなるのではないかと思います。

それは単一農園単一品種のお茶やその茶畑に限らず、日本のお茶市場で多く出回っているブレンド茶であっても同じことだと思います。

「こういう特徴のお茶を組み合わせることで、こういう香りと味の特徴をもつお茶になりました」という裏話も、消費者の関心や興味をひくのに充分なほど魅力的なストーリーになるはずです。

この章では私が静岡で暮らし、さまざまな茶畑を訪ねる中で出会ったお茶、そのお茶にまつわるストーリーや歴史、そしてお茶作りにかかわる人たちの思いなどを伝えていきたいと思います。

江戸末期から続く大産地、牧之原台地のお茶作りストーリー

茶業研究センターの研修生だった時に暮らしていた静岡県中西部の牧之原台地[※14]には、前述した通り、サッカーフィールド7000個分の茶畑が広がっています。牧之原市の他、島田市、菊川市と3つの市にまたがる牧之原台地は、全国の茶産地の中でも最大規模。深蒸し煎茶発祥の場所としても広く知られています。

牧之原でどのように茶畑が生まれたかという背景には、とても興味深いストーリーがあるのですが、この地で作られたお茶のセールスポイントとして使われていることはほとんど聞いたことがありません。

そもそも牧之原台地という場所はお茶の産地ではなく、何もない不毛な荒地だったといわ

れています。

江戸末期、海外貿易の自由度が広がると、生糸とお茶が二大輸出品となったことは前の章でもお話ししましたが、明治時代になり、突然世界市場に参入してしまった日本は、何をどこに売れば良いか、おぼつかない状態でしたが、貿易をする相手国（主にアメリカ）にはお茶の需要があったようで、お茶は輸出品として有望とみなされていました。

当時、お茶は静岡の本山や川根のような山地で作るのが当たり前でしたが、貿易が本格的になると、当然これまでの生産量では需要を満たすことが不可能でした。作業効率の悪い山間地では、生産体制を拡大することにも限界がありました。

そこでもっと効率良く栽培と製造ができないかということで、[※15]幕領《ばくりょう》地であり平坦地の牧之原台地が開拓されるようになったのです。

この時働き手となったのが明治維新の際、改革により特権を失った武士と[※16]川越人足《かわごしにんそく》でした。

江戸時代、幕府は政策として、わざと川に橋を作らせませんでした。橋があると大人数の移動が可能になり、反乱などが起きやすくなってしまうからです。ですから、川を越える際、川越人足に背負ってもらったり、荷物を運んでもらったりしなければなりませんでした。

やがて明治に入ると、中央政府は必死になってインフラ整備を行い、牧之原台地の下に流れている大井川には蓬萊橋ができました。それによって川越人足たちが失職。こうした川越人足たちも、牧之原台地へと入植したのです。

荒地だった牧之原台地の開拓はかなりの困難を極めました。

しかし海外からの需要とそれに応えられるよう努力した開拓者のおかげで、現在もなおもっとも規模の大きな産地であり続けています。

私たちが現在飲んでいる牧之原台地のお茶は、元々お侍さんと川越人足だった人たちが契機となり作られたもので、しかも、何とアメリカ人向けのお茶だったのです。

こうした裏話を知ると、お茶そのもののおもしろみが増してきませんか？

輸出先では砂糖とミルクを入れて飲まれていた？

明治初期、海外へ輸出された日本のお茶はどのように飲まれていたのでしょうか？　今では想像もつかないことですが、さまざまな文献を当たると意外なことに、「砂糖とミルクを入れ、甘くして飲んでいた」と思われます。まるで紅茶やコーヒーのような飲み方です。

[※17]1859年、長崎、横浜、函館の港が開かれた時のお茶の輸出量は181t。明治に入り、新政府が茶業振興に力を入れたこともあり、1868年（明治元年）には約4600tと飛躍的に伸びていきました。当時の統計は現在ほど正確ではないと思われますが、国内の消費よりも海外に出荷されたお茶の方が多かったことがわかります。

お茶の製造、輸出が日本の近代化を支えていた大事なものの1つだといっても過言ではない状況があったのです。

この頃に描かれたお茶作りの現場の絵で、おもしろいものがあります。そこには、スーツを着た欧米人の茶商、現場で働く日本人とともに、中国人のお茶の監督が描かれているのです。わざわざ中国から人を呼んで、仕上げの製法を日本人に教えてもらっていたのだということがわかります。

江戸中期の1738年、※18永谷宗円《ながたにそうえん》によって煎茶の製法が発明されて以降、徐々に煎茶が広まりました。しかし、このように日本の独自な茶種ができたとしても、外国向けのお茶は、中国茶の製法を模倣することに取り組む産地が目立ちました。その理由としては、それまでの世界のお茶の流通事情があると思われます。

日本がお茶の輸出を始める前、緑茶の主な供給国は中国でした。その中国で作られていたのが釜炒り茶でしたから、海外での需要があったのだと思われます。

その頃、日本で生産されたお茶のほとんどが、アメリカとカナダへ輸出されていました。当時、その輸出先で砂糖とミルクを入れて緑茶を飲んでいたというと、顔をしかめる人も少なくないと思います。確かに、現在から考えると、信じられない飲み方かもしれません。

しかし考えてみたら、当時のお茶は手揉みで十分に乾燥がなされていなかったものも多かったと思われます。そのお茶を袋や箱に入れ、船に積んでアメリカへと運んでいったわけですから、茶葉はずいぶん劣化していたと考えられます。

お茶の品質を保とうと思っても、窒素充填の技術もありません。お茶のさわやかな香りはすべて飛んでしまい、苦みや渋みが強いものになっていたと思われます。その状態ですと、砂糖やミルクを入れて飲むことは、それほど驚くことではないかもしれません。

その後、世界のお茶市場はインドやスリランカなどの大規模農園が作る紅茶に占められるようになったことで、日本のお茶の輸出は頭打ち状態になりました。

それに加え、日本は急速に近代化が進み国が発展したことで、お茶の世界市場において競争力を失っていきました。お茶だけでなく、コーヒーやカカオなどの農産物は、人件費の安い国で作るのが世界の流れだからです。

とはいえ悪いことばかりではありません。それまではもっぱら輸出用に振り分けられていた日本茶は、この後ようやく国内消費向けに切り替わり、日本国内で広くお茶が普及し始めます。とはいえ、緑茶、あるいは煎茶は庶民にとってまだまだ高価なもの。一般の人たちに広く普及し始めるのは、戦後の高度経済成長期まで待たなければなりませんでした。

「茶色」は何色？　お茶の色の変遷

みなさんは「お茶の水色（液体の色）」と聞いたら、どんなイメージをもちますか？

多くの人が「緑色＝グリーン」をイメージしたのではないでしょうか？

ですがそもそも、一般的に「茶色」として認識されているのは、英語でいうブラウンです。「茶色」とは緑色？　それとも茶色？

どうしてこのようなイメージの差が生じたかというと、この「茶色」という言葉ができた時は現在と違い、飲まれていたお茶のほとんどは、茶葉も水色も茶色だったからです。出回っているお茶自体は変わりましたが、言葉の意味は昔と同じように「ブラウン」となっています。

煎茶が発明されたのは１７３８年。京都は宇治田原湯屋谷《うじたわらゆやだに》の永谷宗円が、現在の煎茶の作り方のベースとなっている手揉みの「青製煎茶製法《あおせいせんちゃせいほう》」を考えついたといわれています。

それ以前には中国式の釜炒り製緑茶と抹茶がありました。永谷宗円が考案した煎茶は、ある意味で釜炒り緑茶と抹茶の中間型のような存在でした。
抹茶と同じように生葉を蒸すのですが、釜煎り製の緑茶と同じように茶葉を揉んで急須で淹れる「リーフ」に仕上げられました。

当時、抹茶の原料となる碾茶《てんちゃ》の栽培は法律によって制限されていました。一方では、抹茶のように粉末の状態ではなく、「リーフ」のお茶を改良できないかと永谷宗円が、当時出回っていた中国式の緑茶よりも良いものを目指し、開発に取り組んでいました。いろいろと試行錯誤した後に手揉み製法にたどり着き、香りが良くて鮮やかな緑色の煎茶を生み出しました。当時の製法は現在のものとは異なりますが、これが煎茶の始まりとなりました。

永谷宗円が考案した緑色のお茶は、それまで飲まれていた茶色のお茶とは違うためか、最初は見向きもされませんでした。ところが、宗円が江戸へ赴き、日本橋の茶商、山本嘉兵衛《かへえ》と出会い、彼が売り出したことで、たちまち煎茶がヒットしました。当時の文化人の間でも煎茶ブームが巻き起こったといわれています。
ちなみにこの山本嘉兵衛を初代とする店の名は「山本山」といい、現在もお茶や海苔の商店として有名な、あの山本山のことです。

その後、煎茶は世の中に広まりましたが、一般庶民の手に届くようになったのは、それからだいぶ時を経た昭和の高度経済成長期、1960〜1970年代のこと。この頃は多くの人の生活レベルが急激に上がっていった時期でもあり、前に煎茶という高価なものが買えるほどの金銭的な余裕がなかった人々の経済力が高まりました。それに加え、品種導入と機械化によって大量生産が可能になり、消費が爆発的に高まりました。

1970年代から1980年代になると、今度は深蒸し煎茶と呼ばれているお茶が普及し始め、主に首都圏で好んで飲まれるようになりました。主な産地は、静岡県の牧之原、菊川、掛川などです。

元々は輸出のためのお茶の産地でしたが、戦後海外との貿易が途絶え、お茶作りを国内向けに転換しましたが、当初は同じ静岡でも本山や川根のお茶のように上品ではないといわれることもあり、渋みが強いという点もあり、評判が良くありませんでした。

しかし、生産者の方々もその状況を改善するためにいろいろと改良を加えていく中で発見したのが、蒸し時間を長くする方法でした。通常の蒸し時間をより長くすると、茶葉の組織が崩れ、細かいお茶になります。こうすることで香りは弱くなってしまうのですが、渋みが少ない、飲みやすいお茶になることがわかりました。

また、長く蒸すからといって苦みと渋みが減るわけではありません。お茶の葉にはペクチン[※19]という成分が含まれており、このペクチンには味はないのですが、甘みを強調する機能をもっています。細かい茶葉だと、ペクチンがより溶け出しやすくなり、渋みを抑え、甘みが強調された味になります。

深蒸し煎茶を淹れると濃い緑色になるのは、細かくなった茶の葉が溶け出しているため。それまでの煎茶に比べて水色が濃く出るところも、東京の人に好まれた理由かもしれません。東京では今でも濃い緑色で沈殿があり、味噌汁のように濁ったお茶が多く出回っています。

一説によると、東京でここまで深蒸し煎茶が普及した理由は、当時あまりおいしくなかった水道水でもおいしく淹れることができたためではないかともいわれています。

深蒸し煎茶は水の質に負けることがない上に、大量に作ることができるので、値段が比較的安いことも普及した理由の1つだと考えられます。

「お茶の水色は緑」というイメージが定着した背景には、このような歴史的な経緯があるのですが、それは遠い昔のことではなく、意外にも最近のことなのです。

関西で同じ質問をすると、「黄金色」「山吹色」と答える人が多いのも興味深いところです。「緑」と答えるのは東京の人が圧倒的に多い。「お茶の水色のイメージ」の違いを、地方ごとに調べていくのもおもしろいかもしれません。

新茶の茶摘みは一発勝負

その年、最初に摘み取る一番茶である新茶は、何よりもその新鮮な香りとうまみが特徴。私も新茶の時期には必ず茶園におじゃまして、摘採などの作業を一緒に行わせてもらっています。

新茶の摘み取りは、立春から数えて八十八夜の頃といわれていますが、茶農家の方々は良いお茶を作るため、摘採の日をシビアに見定めています。タイミングを外すと茶葉が硬くなってしまったりして、結果的にお茶の品質が落ちてしまうからです。

長年お茶の栽培している方は、新芽の伸び具合や開き具合によって、摘み取りのタイミングを一週間前くらいに判断するようです。

摘み取りの時期を過ぎると繊維質の割合が高くなり、茶葉は硬くなります。

日本の煎茶が特徴的な理由の1つは、針のように細く尖った形をしていること。形良く育った茶葉はたいてい、美しい艶も兼ね備えています。生葉を蒸してから今度揉みながら乾かしますが、お茶の葉を1枚ずつ揉むのではなく、蒸し葉の塊をもって、お茶どうしで揉まれています。その過程を経ることで、針のように締まっていくのです。若い生葉だと、船のように若干反り返った形をしているので、揉まれるごとに茶葉が内側へと巻き込まれていき、最終的には針のように細く尖った形になります。

成長し過ぎた生葉は艶がなくなるとともに、反りのないまっすぐな形になってしまいます。するといくら茶葉どうしで揉み合わせても均一にきれいに締まっていかず、扁平なお茶になってしまいます。

ならば若い新芽の状態で摘めばいいかというとそうでもなく、若過ぎる芽だと品種の特徴が出ないばかりか、香味の弱いお茶になってしまうのです。

きれいな針状の茶葉は美しく、うっとりと見ほれてしまいますが、形だけでなく、摘み採るタイミングは、お茶の味と香りにも大いに影響を与えます。

硬くなった茶葉はうまみが出にくくなります。お茶のうまみは主にグルタミン酸[※20]とテアニン[※21]が演出しますが、日光に当たるとテアニンはカテキンに変わり、苦みと渋みが強くなってしまうのです。

玉露と碾茶を栽培する時は、摘み採る20日以上前に覆いを被せますが、これは渋みと苦みを抑え、甘みとうまみを強くするためです。これを「被覆栽培《ひふく》」といいますが、昔はよしずと藁で行われ、現在ではほとんどが寒冷紗《かんれいしゃ》という化学繊維でできたものが使われています。暗い中で茶の樹を育てると、茶葉のテアニンがカテキンに変化するのをある程度防ぐことができるため、うまみ成分であるテアニンの含有率を高く保ち、やわらかい状態のままで摘み採ることができます。

覆いをすると「覆《おお》い香《か》」という独特の香りも付いてしまいます。これは三重県や関西の産地のお茶に多い特徴で、海苔のような独特な香りがするとよくいわれています。

こうした工夫で飲みやすく甘いお茶にはなるのですが、他の産地のお茶と同様の覆い香があることで、その土地特有の個性はなくなってしまいます。この栽培方法では、土地の特徴や個性を活かすことよりも技術によってうまみと甘みが強いお茶にすることが目的なのでしょう。

新茶独特の香りは「青葉アルコール」[※22]という成分が演出していますが、その香りは早々になくなってしまいます。この香りが失われないように、仕上げの火入れを弱めにすることが多いです。

新茶は開封したらできるだけ早く飲むことをおすすめします。せっかくの新鮮な香りが失われてしまうのは非常にもったいないことですから。

お茶は三位一体で作っていくもの

静岡で暮らす前までは、農作物であるお茶のことを想像する際、考えの中心にあるのは、迷うことなく茶農家さんでした。スウェーデンにいた時も、東京で暮らしていた時もそう。お茶は生産者が作っている作品であり、芸術品。茶農家の人たちが丹精込めて作ったものを、自分たちで値付けして売っているものだとばかり思っていました。

しかし、お茶作りは農家だけで成り立っているわけではないことが、静岡で暮らし、いろいろな茶園へと足を運ぶことでようやく見えてきました。もちろん、農家の方々は良いものを作っている方が多く、頭が上がりませんが、農家以外にも問屋さん、そして茶商がいてこそ、良いお茶は作ることができるのです。

たくさんのお茶を買い付ける問屋さんは、経済的な面で必要な役割を担っている、ある意味、お茶の銀行のような存在ですが、日本の問屋さんが特殊なのは、お茶をおいしくするための重要な仕上げ作業も担っているということ。この仕上げによって、お茶の味は大きく変わってきます。

お茶に詳しい問屋さんは、荒茶作りの段階から農家さんに、蒸し方や揉み方まで具体的な指示を出すこともあります。つまり、製造の段階からお茶が消費される時のことを考え、どの工程でどのような工夫をすれば良いかの判断ができ、指示を出せる人がいるからこそ、良いお茶が生まれるともいえるのです。

自ら畑に足を運ぶ問屋さんは希少な存在ですが、先の章でお話した静岡の東頭《とうべっとう》では問屋さん、そしてお茶を売る茶商さんも畑に出て、一緒にお茶作りに取り組んでいます。

ご縁があり、数年前に知り合った茶商である石部健太朗さんがその1人です。

石部さんは20年ほど前に起業し、茶業者になられましたが、茶業者というよりもワインの世界のネゴシアン[※23]のような方です。それまであまり注目されていなかった単一農園や単一品種などシングルオリジンの日本茶を手掛け、この分野を開拓していった第一人者なのです。生産者、製茶問屋の仕事や技術を認めて、小ロットのブレンドをしていない仕上げ茶を商品化しています。

結局、お茶が市場に出て販売されるためには、栽培と製造をしている農家、それぞれのお茶の良いところを引き出して仕上げまでを行う技術をもった問屋、さらにはお茶を企画し、一般消費者に伝える営業マン的存在である茶商という、三者から成る構造が必要なのです。良いお茶というのは、1人の農家が努力だけでき上がるわけではなく、問屋、そして茶商の存在があってこそできるもの。茶園や荒茶の製茶工場、仕入れの現場まで石部さんと同行させていただいた中で、その構造に気付きました。

さらにもう1人、お茶のおいしさを最大限に引き出す工夫をしているという意味で、私が尊敬しているのが、冒頭の章でも触れた、日本茶カフェ「茶茶の間」の和多田喜さん。私がお茶の道に進むのをやめようか迷っている時に訪れ、さらに日本茶にハマるきっかけになったお店の主である方です。

いくら良いお茶であっても、お湯またはお水で淹れて、初めて飲みものになります。そして同じ茶葉を使っても、甘いお茶、渋いお茶など、いろいろな味を楽しめるのが日本茶ですが、それを的確に引き出しながらお茶を淹れられることができる人というのは、実はとても少ないのです。

和多田さんはそれぞれのお茶をよく理解して淹れ方を調整していますが、これほど上手に日本茶を淹れることができる人に、私はこれまで出会ったことがありません。

日本茶の世界は教科書通りの標準的な淹れ方をする人がほとんど。その中で和多田さんは基本を押さえながらも、このお茶の個性は何かということを見極め、どうしたらそれを引き出せるのかを考えながら工夫を凝らしてお茶を淹れているのだと、いつも飲む時に思います。

ワインであれば、注ぎ方の良し悪しはあるにしても、基本的には誰が注いでも同じ味になります。ところが日本茶の場合、どう淹れるのかがとても重要。

お茶の葉の性質を理解し、そのおいしさを引き出せる人がいてこそ、多くの人が日本茶のポテンシャルに気付くきっかけを与えることができるのです。

確率は数千分の1の育種の世界

お茶の品種を新しく育てる「育種《いくしゅ》」[※24]という作業は、静岡での茶業研修生時代、かなり興味をもっていた分野でした。ところがお世話になった研究者の片井秀幸さんが説明してくださったように、この育種は「捨てるのが仕事」といわれるくらい、途方もない時間と忍耐が必要な仕事なのです。

1つの植物が「品種」として登録されるまでには、少なくとも20年くらいの時間がかかります。つまり、自分が取り組んだ育種が、必ずしも在職期間中に実を結ぶとは限らず、むしろ結果が見られるのは、非常に稀だといわれているほどなのです。

育種にはいくつかの方法があり、その1つが交雑育種といわれる2つの品種を組み合わせるやり方です。

具体的な例を挙げていうと、「やぶきた」を母親として、「香駿」を父親として組み合わせる場合なら、花が咲いた時点で父親である香駿の花粉を取り、あらかじめおしべを切っておいたやぶきたのめしべに受粉させせます。その後は他の花粉が受粉されないよう袋を被せ、1

年後に結果を確認します。

種ができていたら、その種を1～2年ほどハウス内で育てた後、畑に植え替えます。そして2年ほどして成育が順調にいけば個体がある程度大きくなります。そこから少しだけ葉を取り、小さな、まるでおもちゃのような機械で葉を揉み、お茶を作るのです。

しかし、多くの場合、何年も費やしたにもかかわらずおいしくはないのです。

これこそが、育種が「捨てるのが仕事」といわれる1つのゆえんです。


お茶は嗜好品ですから、飲むこと以外の用途のために育てられず、何といってもおいしいことが大前提。いくら成育が良く、病気に強いといった特性があったところで、おいしくなければ新しい品種として有望とはいえないのです。

とはいいつつ、お茶は農作物ですから、どんなにおいしくても成育が悪かったり、害虫に弱ければ、登録できる品種とは見なされないのです。


「静7132」という名前のお茶があります。このお茶は、品種登録はされなかったのですが、その桜葉の香りが注目され、少量ではありますが市場に出回っています。

このお茶は、1930年代に静岡の茶業研究センターで、やぶきたを母親に、たくさん育種されたもののうちの1つです。この中で「やまかい」「くらさわ」「ふじみどり」「するがわせ」は登録されたのですが、「静7132」は栽培地による差が大きく、登録まで至りませんでした。

しかし、有望でないと判断されて登録されなかったにもかかわらず、育種の系統番号のまま流通していたのです。通常登録できなかったものは市場にはそれほどには出回りませんが、「静7132」だけは例外。ふわりとしたやわらかい香りに、固定ファンが付いたのでしょう。

品種として登録されるメリットはもちろんあります。農林水産省のホームページにもその名が掲載され、育種した方にとっても成果が名前として残るのは、うれしいことです。

また何よりも「やぶきた」「おくみどり」などという名前が付くことで、よりわかりやすく、ちゃんとユニークな存在として受け入れられるようになります。すべてのお茶の名前が「静7132」のような、系統番号のようなものだったら、何ともそっけないものですから。

※14　牧之原台地

静岡県中西部、遠州地方南東部に位置する台地のこと。大井川下流域と菊川に挟まれ、現在の島田市、牧之原市、菊川市に接している。

※15

牧之原台地の開拓の歴史 http://www.maff.go.jp/kanto/nouson/sekkei/kokuei/makinohara/rekishi2.html「さらに詳しく牧之原台地の開拓と茶」http://www.maff.go.jp/kanto/nouson/sekkei/kokuei/oigawa/rekishi/04_1.html（いずれも関東農政局ホームページより）

※16　川越人足《かわごしにんそく》

橋のかかっていない大河で、人を肩や輦台《れんだい》に乗せて川を渡らせることを職業とした人のこと。「かわごし」のこと。

※17

「日本茶輸出の歴史」日本茶輸出促進協議会ホームページ http://www.nihon-ha.or.jp/export/trends.html を参照。

※18　永谷宗円《ながたにそうえん》

１６８１年（延宝９年）〜１７７８年（安永７年）。江戸時代中期、山城国宇治田原湯谷谷（京都府）の茶業家。１７３８年（元文３年）、露天栽培のやわらかい新芽だけを用いて、蒸して焙炉上で手揉みする方法を考案したといわれる。この方法により、香りが良く、薄い緑色の水色の煎茶が作られるようになった。この方法によって煎茶の製法が急速に全国へ広がった。

※19　ペクチン

果物や野菜などの植物の細胞壁の構成要素として、他の成分と結合して細胞をつなぎ合わせる役割を負っている天然の多糖類。ゼリー化（ゲル化）する作用をもつことから、ジャムやゼリーなどの食品に幅広く利用されている。

※20　グルタミン酸

体内で合成できる非必須アミノ酸の1つで、興奮を鎮めたり、リラックスをもたらす効果をもつギャバを生成する。日本で最初に発見されたうまみ物質として、調味料などにも利用されている。

※21　カテキン

ポリフェノールの一種で、昔から「タンニン」と呼ばれてきた、緑茶の渋みの主成分。お茶の成長具合や栽培された場所によって含有量が変化する。近年では血中コレステロールの低下やがん予防、抗酸化作用や抗菌作用などの健康効果が期待できるとして、注目を浴びている。

※22　青葉アルコール

ヘキセノールを基とする香り成分。さわやかさや若々しさを感じさせる新緑の香気や青臭みの元になっている。植物の葉などに含まれており、組織が壊されると放出され、揮発する。

※23　ネゴシアン

ぶどうやワインについて知識を有し、ドメーヌ（蔵元）より目利きし買い付けたワインなどで自社ブランドの品を作る業者のこと。自らの信頼にかけて良品を作るため、自分の好みに合ったネゴシアンものを見つけるのもワインの楽しみの1つになっている。特に、広大な園地所有者の少ないブルゴーニュなど、ドメーヌごとの品質差の大きな地域では、ネゴシアンの果たす役割は大きい。

※24　育種

栽培植物や飼養動物を、それぞれの生物の遺伝的形質を利用して改良し、有益な品種を育成すること。品種改良とほぼ同義。

第4章

おいしいお茶を飲むために知っておきたいこと

お茶三煎をどう淹れるのか

「煎茶を淹れるのは難しい」と思っている方もたくさんいらっしゃるのではないでしょうか。確かに、煎茶の淹れ方は難しいのです。最初の頃は私もたくさん失敗をしましたが、ベーシックな方法さえ覚えてしまえば、いろいろな楽しみ方ができる柔軟性をもっていることが煎茶の素晴らしいところだと思います。

香りが命の紅茶は熱湯を使うことでしかその魅力を引き出すことができませんが、煎茶は淹れ方を変えることにより、お茶の風味を変えることができます。水でも熱湯に近い温度でも、茶葉の量や浸出時間を変えることで、おいしく淹れることができるのです。

3章では、お湯を低い温度から徐々に高い温度に上げる、お茶三煎の淹れ方を紹介しました。ぬるめのお湯で淹れると甘いお茶に、熱いお湯で淹れると渋いお茶になるのは、温度によって引き出されるお茶の成分が異なるからです。

低い湯温で出てくるのは、テアニンやグルタミン酸などのアミノ酸。これらは主に甘みとうまみを演出します。温度が熱ければ熱いほど引き出されるのが、カテキンとカフェイン。

これらは苦みと渋みを演出します。最初は低い温度でうまみと甘みを引き出し、もうこれ以上引き出せるものがなくなったら、高い温度にして渋みと苦みを引き出すようにすると、1種類の茶葉でいろいろな味わいが楽しめます。

煎茶のそれぞれの要素をバランス良く引き出したい場合、一煎目の温度は70〜80℃くらいが目安。もちろん急須を使います。60ccくらいのお湯に3〜4gの茶葉で浸出時間は60秒ほど、深蒸し煎茶ならば40秒くらい。お湯を注ぐと少しずつ茶葉が開いてきます。

二煎目以降については、煎を重ねるごとに徐々にお湯の温度を高めていきます。すでにお茶の葉は開いているので、お湯を注いだらほとんど待たずに、湯呑みなどに注ぎます。

お湯は、必ず一度沸騰させたものを冷ましてから使いましょう。ポットから直接急須に注ぎ入れるのではなく、湯冷ましがあると便利です。茶葉を浸出した後も、湯冷ましをサーバーとして使えば、均等な濃さでお茶を湯呑みへと注ぐことができます。

お湯の温度は容器を移し替えるたびにだいたい10℃下がると考えてください。お湯を沸かして湯冷ましに淹れると80〜90℃、そこから急須に注ぐと70℃くらいになります。

熱いお茶を飲みたい場合は、茶葉を2gくらいと少なめにして、90℃のお湯を100cc入れて2分くらい浸出します。すると、多少苦みと渋みは出るのですが、茶葉を少なめにしてあるので、あっさりとした飲み口が楽しめます。

私は静かな所作でお茶を淹れるのを好みます。急須の扱い方は人それぞれですが、急須を振ったり、急な角度で淹れたりすると、雑味が出やすくなってしまいます。上品な香りと味を引き出したければ、あまり急須を動かさないようにして淹れることをおすすめします。

手荒な注ぎ方をすると、急須の中の茶殻は注ぎ口へと傾いてしまいますが、静かに注ぐ人の急須の中の茶殻は、平らなままになっていることが特徴です。

お湯を使わずにお水でも、うまみの強いお茶を淹れることができます。

まず、なるべく平たい形の急須を選びましょう。その急須に少し多めの茶葉を入れた後、茶葉が浸るくらいの冷水を注いで3分待ったら、そっと小さな豆茶わんへと注いでみましょう。口に含むと、うまみが爆発的に広がっていくはずです。濃く淹れたい時はたくさんの茶葉を使います。

このようなうまみが凝縮されたお茶をさらに楽しみたければ、氷出しの煎茶を試すことをおすすめします。平型急須に茶葉を均一に広げ、その上に氷を乗せますが、氷が溶けていくとともに茶葉が水分を吸収します。注ぐ時に数滴しか出ませんが、これは日本茶のもっとも贅沢な味わい方に違いありません。ただし、時間がかかるので、早めに氷出しを仕掛けておいて、他のお茶を飲んだり、食事やスイーツなどを食べながら待つのが良いでしょう。

一煎目、二煎目は水出しや氷出し、二煎目からはお湯で淹れ、温かいお茶を楽しむことができます。


また、ガラスなどのボトルで水出しのお茶を用意しておくと、外出先などでもすぐにお茶が飲めて便利です。水出し専用のフィルターインボトルが便利なので、おすすめします。ちなみに私は700㎖のものを愛用しています。もちろん麦茶用のボトルや100円ショップなどで売っているフィルター付きのボトルでも大丈夫です。

700㎖の容量であれば、茶葉は大体10～15gほど。90分くらい冷蔵庫におけば、リッチなうまみとやさしい甘みの感じられるお茶ができ上がります。ワイングラスに注いで飲めば、より香りと色を感じられ、ふだんとはまた違う気持ちでお茶と向き合えるでしょう。

ただしこのお茶は24時間以内に飲み切ってください。お茶は衛生が厳しく守られている環境で作られていますが、野菜と同様に殺菌はされていません。時間が経つと野菜が腐ってしまうように、頃合いを過ぎると、お茶も腐敗してしまうのです。

急須の種類と選び方

急須で淹れたお茶の味わいは格別です。

どんなに忙しい時でも、お茶を淹れる時だけは、急ぎ過ぎず、ゆったりとした心もちで。急須から静かに注いだお茶を飲むと、山々のさわやかな香りに包まれているかのように平和な気持ちになるのです。

毎日は難しくても、一週間に一度、いや1ヵ月に一度でも、急須で淹れたお茶を飲むことで、癒しの効果を感じられるでしょう。

精神をリセットするのは大切なこと。もちろん、急須で淹れたお茶を頻繁に飲むことで、生活がますます豊かになるのは間違いないのですが、「毎日飲まなくちゃ」という義務感にしてしまうのは逆効果。使う頻度が低くても、きれいな急須はインテリアにもなり、眺めるだけで豊かな気持ちになれますので、まず急須を買うことをおすすめします。

私はざっと数えて40個ほどの急須を持っています。セミナーや講演会に急須を持参することも多いので、これだけあっても使わない急須はありませんが、日常的に使っているのは5

つか6つほどです。

何を隠そう私は急須が好きなのです。もちろん、急須はお茶をおいしく淹れるためのものですが、見ているだけでも美しい。家では棚の上にいくつかの急須をディスプレイして楽しんでいます。

用途で使い分けをしていますが、だいたいその日の気分と「手の届くところにあったから」という理由で使う急須を決めています。

おいしいお茶を淹れるためには急須選びも重要です。愛知県常滑市の常滑焼《とこなめ》や三重県四日市の萬古焼《ばんこ》といった急須の名産地で作られたものを使えば、ほとんど間違いはないでしょう。

注意しなければならないのは、見た目だけで急須を買うことです。

「お茶を喰う」と表現される急須があります。その急須でお茶を淹れると、香りや味を奪ってしまうものがたまにあるのです。

私もそうした急須に当たったことが一度あります。

サラリーマン時代、愛媛県の今治市に数カ月滞在することになり、必要なものだけ持って現地へ赴きました。その時、ふだん使っている急須ではなく、ほうじ茶を飲むために買った大きな急須を持っていったのです。

今治でその急須を使って初めてお茶を淹れた時、「あれ？」と思いました。香りの良い「香駿」を淹れたはずなのに、香りがまったく出ていないのです。

最初は湿気にやられて、お茶が劣化したせいなのかと思っていました。でも、新しいパッケージのお茶でもやはり同じ。水の質を疑ってみたものの、ふだん飲んでいる限り、質が悪いともお茶に合わないとも思えない。東京に帰る機会があったので、ふだん使っている急須を今治へ持ち帰ってお茶を淹れてみたら……いつもの「香駿」の味がして、香りも出ているのです。

どうしてそうなったのか、きちんと解明はできていないのですが、間違いなく急須がお茶の味と香りに影響を及ぼしていました。

教訓としては、見た目だけでなくお茶を淹れる道具として見ることが大切だと言えるでしょう。オブジェとしては美しいかもしれないけれど、使い勝手が良いとはいえない場合もあるので注意が必要です。

有名な急須の産地の場合、急須を作っている職人さんがたくさんいて、それぞれに切磋琢磨して腕を磨いているため、品質の良い急須が多く作られるようになったのです。全体の水準が高く、使い勝手の良いものが多くなるのも特徴です。

陶器磁の中でしたら、陶器、もっといえば炻器《せっき》※25の急須をおすすめします。磁器の場合、お茶の成分、甘み、うまみ、苦み、渋み、雑味まですべてが液体へと出てしまいますが、炻器や陶器ですと、渋みを演出するカテキン類が急須内部に吸着されるため、お茶の味がまろやかに感じられるのです。

湯呑み茶わんは、お茶の色がすっきりと映える白の磁器がいいでしょう。お茶の水色もよくわかります。

急須の形は、横に広がっている平たいものの方が使い勝手がいいと思います。私が頻繁に使っているものの1つに、最近普及し始めた平型急須があります。通常の急須は丸みを帯びているのに対し、平型急須は平べったい形をしていて、高さはふたのつまみまで入れて7㎝ほど。前述したように、お茶を濃く淹れたい場合は、茶葉をたくさん使い、冷水を浸るくらいの状態にすると良いです。このような時に平型急須が非常に役に立ちます。

丸い急須だと、茶葉が厚く重なった状態でしか浸りませんが、平型急須だと茶葉を均一に広げられるので、全体がちょうど良く浸ります。すると、お茶の香りとうまみが均一に浸出します。このタイプの急須は、水出しや氷出しの時にも、使い勝手の良さを発揮します。

購入する際は、手にフィットするか、それほど重くないかをチェックして、使い勝手を確認しましょう。

ふたも確認するポイントです。注いでいる時にふたが外れたり、漏れたりすることがないよう、しっかりと閉まり、本体と合っているかを確認します。急須の上でふたがガタガタせずスムーズに回せるかを確認しましょう。

急須の中の茶こしも必ず確認しましょう。ふつう蒸し煎茶用の急須はこの部分が陶器でできていますが、深蒸し煎茶用の急須は、金属でできています。深蒸し煎茶はふつう蒸しよりも茶葉が細かく、粉も多いので、静かに注いだとしても、どうしても茶葉が注ぎ口へと寄ってしまいます。そうなると陶器の茶こしであれば詰まってしまいますが、金属の網だとある程度これを防ぐことができます。

ふつう蒸しの煎茶用の急須で深蒸し煎茶を淹れるのは避けましょう。さもないと、お茶を淹れた時に急須が詰まるだけでなく、歯ブラシなどで洗ったり、漂白剤を使ったりと、手入れが煩雑になります。

忙しい時におすすめのお茶の淹れ方

私は基本的に、急須を使ってお茶を淹れることをおすすめする人間ですが、お茶は自由な飲みもの。いろんなスタイルがあっていいと思っています。

ペットボトルのお茶だって、出先のどこでもお茶が飲めるし、お湯を沸かすことができない場所にいる場合にもとても便利な存在です。食事の際は、水よりもペットボトルのお茶の方が合うことは間違いありません。

忙しい時はティーバッグを使うのも1つの方法です。市販のティーバッグのお茶を選ぶ場合、平たい紙の袋入りのものよりも、ピラミッド型（あるいはテトラ型）のものをおすすめします。茶葉がお湯に触れる空間が広くなっているので、平たいティーバッグよりもお茶の成分がしっかりと引き出せるからです。

ふつう、ティーバッグのお茶は、仕上げの振るい分けの段階で出た「出物」と呼ばれる粉茶が使われているのですが、最近は比較的に良質な煎茶で作られるものも出回っているようです。

忙しい時はもちろん、会社など家以外でも好きな茶葉でお茶を淹れたいという方におすすめの方法があります。100円ショップなどで売っている空のお茶用パックに好きな茶葉を入れて、自作のティーバッグを作っておき、カップに入れてお茶を淹れる方法です。

1つのパックにティースプーンで山盛り1杯、約3gのお茶の葉を投入すれば、できあがり。休日など時間がある時に必要な分を作っておき、ジッパー付きの密閉袋などに入れて保存しておくと便利でしょう。

湯のみやマグカップに最初に注ぐのはお湯。適温まで冷ましてから、火傷に注意しながら、手でティーバッグを入れ、中の茶葉が全部お湯に浸るまで、様子を見ながら軽く押していきます。こうすれば、急須がない職場や出先でも、自分が好きなお茶を飲むことができます。

何か違うなと思ったら、茶葉の量を変えたり、お湯の温度を変えてみたり、いろいろ試して好みの味を見つけてください。迷いながら試行錯誤するのも楽しい作業です。

私の1日のお茶TPO

みなさんは、いつ、どんな時にお茶を飲みますか？

休憩時間やおやつの時間、食事中や食後など、習慣で飲む人もいるでしょう。

一方、昔と違って現代ではコーヒー、紅茶などの嗜好品が多く存在するため、急須で淹れたお茶を飲む機会がほとんどないという人も少なくありません。

ここでは私がふだん、どのような時に、どのようなお茶を飲んでいるかを紹介していくことにします。もしかしたら、みなさんのお茶との付き合い方、具体的には「こういう時にこのお茶を飲めば良いのか」ということの参考になるかもしれません。


私は朝が大の苦手です。目覚ましを何度もスヌーズさせて、ギリギリになってようやく、のそりと起き出します。その時の私は、まるで爬虫類。そんな私を人間へと戻してくれるのが朝のお茶です。

起きたらまずケトルのスイッチを入れてお湯を沸かします。その後顔を洗って、お茶の支度をしますが、この時は渋みの強いお茶が飲みたいので、85～90℃と熱めのお湯でお茶を淹れます。

「香駿《こうしゅん》」などの香りの強いお茶は朝に飲みません。あの香りに包まれてしまうと、

「ああもっとゆっくりしたいなぁ」

と思ってしまうのです。やぶきたでも、品評会に出品するような、うまみと甘みが強いものだと朝は胃にもたれそうで避けています。甘みとうまみが濃厚な玉露も、寝起きには飲みません。

朝はやっぱり渋みのパンチが強い山のやぶきたや、在来種のお茶、または火入れが強めのお茶が飲みたくなります。

出かける支度をしながらこうしたお茶を飲んでいると、だんだんと目が覚めてきます。平日の朝食は、たいてい納豆キャベツ。週末など時間のある時は、トーストに目玉焼き、ベーコンなどを食べることもありますが、平日はたいていこんな感じです。ごはんをかき込みながら、出かける寸前までだいたい三煎くらいまでお茶を飲んでいます。歯磨きをしてしまうと、お茶がおいしく感じられなくなるので歯磨きは最後。それから家を出ます。

出社したら、職場の方が淹れてくださったお茶を飲んで仕事がスタートします。自分で淹れるとしたら、朝と同じく渋めで、パンチの強いお茶をセレクトするでしょう。引き締まった気持ちで仕事に向かっていけるのです。

昼にはほうじ茶を飲んで深呼吸してひと休みします。

香りの良いお茶、あるいはうまみの濃いお茶が飲みたくなるのは、だいたい15時くらいからです。がんばってたくさん働いた後、「香駿」「蒼風《そうふう》」「静７１３２」などの優雅な香りに包まれると、平和な気持ちになってスローダウンさせることができます。良いお茶はこのタイミングで、ゆっくりしながら飲むのが好きです。

19時など早めの時間に帰宅できたら、この場合はお茶を濃く淹れ、うまみも強く感じるお茶を飲むことにしています。同じ系統のお茶をもう一度淹れます。

21〜22時と遅い時間の帰宅になると、煎茶よりもほうじ茶、番茶などを飲んでいます。

私は「香駿」が好きですが、「今日は（香駿を飲むのは）無理」と思う日もあります。反面、やぶきたは毎日飲んでも飲み飽きないですし、朝でも午後でも夕方でも飲めるお茶です。やぶきたがこれほど広まったのも、こういった万能性があるからなのでしょう。

いつ日本茶を飲んだら良いか迷っている人に、私が１つ提案したいと思っているのが、恋人にお茶を淹れること。デートでは、食事の際にお酒を飲むことが多く、確かに会話が進むように役に立つことがあるでしょう。

しかし、お茶を相手に淹れて、一緒にその瞬間をシェアすることで、お酒を飲む時と違い、酔うことなく真剣に相手と向き合いながら、ロマンチックな時間を過ごすことができます。

恥ずかしいと思う人もいるかもしれませんが、邪魔されることなくお互いに集中するため、良い方法だと思います。

食べものとの意外な相性

食べものとの相性を考えながらワインを飲むように、日本茶ももちろん、いろいろな食べものと合わせて楽しむことができます。

基本的に、お茶はどんな食べものとも相性が良いものです。もちろん洋食とも。

私がスウェーデンのお茶屋さんでバイトしていた時のこと。

「緑茶とサンドイッチは最高のコンビネーション。朝食に食べると元気が出るよ」

といっているお客さんがいました。スウェーデンでサンドイッチといえば、ミートボールにビートルート[※26]をマヨネーズで和えたものをサンドしたものがよく食べられています。スウェーデン人である私はこのようなサンドイッチが好きですが、緑茶との相性が意外と良いのです。「お茶は和食の時に飲むもの」と決め付ける必要はないのです。

それよりも、遊び心をもっていろいろと試してみる方が楽しいです。濃い味の食べものであれば、それに負けないくらいパンチのあるお茶を合わせた方がいい。

たとえば「さやまかおり」のように、うまみが比較的少なくて、キレのよい渋みがあるのだと、口中をリフレッシュすることもできます。

うまみが強いお茶、たとえば玉露ならば、生ガキと合わせて食べると、相乗効果で両方のうまみが倍増します。濃く淹れた玉露をレモンの代わりに数滴、生ガキに垂らして食べると、かなりおもしろい味になります。

和菓子だけでなく、ケーキやクッキーといった洋菓子との相性も抜群です。基本的な煎茶とお菓子の楽しみ方としては、お菓子は一煎目を飲んだ後、二煎目の前に食べるのがいいとされています。

茶の湯の席など抹茶を飲む場合に、お茶の前にお菓子を食べるのは、抹茶の苦みと渋みをやわらげるためだといわれています。抹茶の原料となる碾茶は被覆栽培で育てられているため、渋みと苦みが少なくなりますが、煎茶と違い茶葉を丸ごと頂くものなので、苦みや渋みを感じやすくなります。

一方では煎茶は一煎だけでなく、何煎も楽しめるものですが、特に一煎目はうまみが強く、お菓子をその前に食べてしまうとこれを感じられなくなります。渋みが出る二煎目なら、お菓子との相性が抜群です。

ダークチョコレートと煎茶の組み合わせは、意外ながらおすすめです。香りが強い品種なら、チョコレートがもつ苦みをやわらかくしてくれますし、お茶のうまみもまたリッチな味わいを演出してくれます。チョコレートが大好きな私にとっては、とてもうれしい発見でした。

お茶を飲もうという気持ちの余裕をもつには？

この本を読んで、1人でも多くの人が「おいしいお茶を飲んでみたい」と思ってくださったら、うれしいことこの上ないのですが、もしかしたら最初からうまくお茶を淹れることはできないかもしれません。

迷いながら、好みの味を見つけていくことも楽しい作業であるということをお伝えしたいと思います。たとえば多少渋く淹れてしまっても、甘いお菓子と一緒に頂けば、お茶の渋みはそれほど気にならないでしょう。

もちろん、標準的な淹れ方はあるのですが、そこから脱線しても構いません。あくまでもガイドラインなので、ぜひ失敗を恐れずにお茶を淹れて飲んでみてください。

一番もったいないのは、せっかくいいお茶を買ったのに、もったいないと取っておいて、結局飲まなくなってしまうことです。「今は忙しくて心の余裕がないから、もっとゆっくりできる週末になったら飲もう」と思って置いておいたら、半年が過ぎ、1年が過ぎていく……というパターンをよく耳にします。窒素充填された袋であれば保存は利くのですが、一度開けてしまったら、お早めに飲みましょう。失敗を恐れ、時間をおいてしまうことで、品質が劣化してしまうのは、非常に残念なことです。

「今日は心の余裕がないから、また違う日に頂きましょう」ということをずっと続けたところで、心の余裕はいつになっても訪れないのではないでしょうか。

ここまでくると、お茶の淹れ方というよりも生き方の問題になってきますが、少しくらい忙しい時でもお茶を飲んで良いと、私は思うのです。

朝、バタバタしている時に東頭のような高級なお茶を飲んでも、そのおいしさを十分味わえないかもしれませんが、それなりの良いお茶ならば、飲んでも良いと思います。

もちろん、最高の味わい方をしたければ、淹れ方や水にこだわって、「これからお茶を飲みます」というムードになって味わうことがベストなのでしょうが、それを毎日できる現代人は限られているように思います。昔の人だってできなかったかもしれません。だからこそ、千利休は「茶室」という別世界を作ったのだと思います。

茶室の中には作法があり、政治や宗教の話はしてはいけないことになっているといいます。そうなると、目の前にはお茶と茶器しかない状態。集中してお茶を楽しむことができるようになります。

しかし、現代においてそういったシチュエーションはほとんどありません。仕事に行って、残業して、疲れて帰ってくる。だからこそ、お茶を味わわなければやっていられないとは思いませんか。

中途半端なかたちでもいいのです。自分なりのやり方で、できることをやる。お茶との接し方はそれくらいの感覚で良いと思うのです。

現在、お茶離れが進んでいるのは、「お茶をきちんと飲まなければいけない」という思い込みも関係しているのではないかと思うのです。日本茶よりコーヒーや紅茶の方が気軽に飲めるというイメージをもっている人が多いのでしょう。

何度もいいますが、お茶は失敗も含めて楽しいのです。

人生には失敗すると大変なことになる場面も多々ありますが、お茶の場合、失敗したとしても、バツは「苦み」を感じるくらいのものです。

お茶はあくまで人生の中の楽しみの1つです。

「とりあえず、いかがですか？」

というくらいの感覚で付き合ってみてください。

あなたの人生が豊かになるはずです。

※25　炻器《せっき》
焼きものの分類の1つで、非透光性で吸水性がほとんどない陶器。茶器などのほか、土管や火鉢などにもなっている。備前《びぜん》焼、信楽《しがらき》焼のほか、常滑焼、四日市萬古《よっかいちばんこ》焼では特に精度の高い急須が作られている。

※26　ビートルート

アカザ科の植物、ビートのうち、根っこの部分を食養とするために改良された品種群を指します。ビーツ、レッドビート、ガーデンビート、テーブルビート、カエンサイなどとも呼ばれる。根は赤紫色で、形がかぶに似ているため、赤かぶと呼ばれることもあるが、全く別の植物である。日本ではまだなじみが浅いが、ロシアや東欧、ヨーロッパなどでは広く普及しており、スープやサラダなど、さまざまな料理に使われることが多い。

おいしい日本茶を淹れるために

最低限揃えたい
5アイテム

1. 茶わん／淹れるお茶の温度や量によって替えます。
2. 湯冷まし／お湯の温度を調整したい際に便利です。
3. 茶筒／茶葉の保存に。早めに飲み切りましょう。
4. 茶さじ／1さじが約何gか把握しておくと便利です。
5. 急須／自分のお茶スタイルに合うものを（詳細は4章に）。

基本の淹れ方

本書でも書いたように、日本茶、特に煎茶の淹れ方に王道はなく、決まりきったルールなどはありません。しかし、おいしさを引き出すために知っておいた方がいい「基本」はあります。もっとも基本的な4ステップをお教えします。

1.

必要な量の茶葉を茶さじで取り、急須に入れます。60ccに対して、3～4gが目安です。

2.

湯冷ましなどを使い、湯温を70℃くらいまで下げたら、ゆっくりと急須に注ぎます。

3.

約1分を待ち時間とします。

4.

二煎目以降を淹れる際は、一煎目より湯温を上げてお湯を入れたら待たずに注ぐようにします。急須から湯冷ましに一度戻し、その後茶わんに注ぎ分けます。※複数の茶わんに分ける際、味を均一にすることができます。

おすすめの品種茶

本書でも品種茶のおもしろさをお伝えしましたが（2章）、具体的におすすめのものをご紹介したいと思います。本書を読んで頂いて、興味をもたれたら、ぜひ手に入れて、飲んでみてください。日本茶の新しい魅力をみつけて頂けるはずです。

香り系

香駿《こうしゅん》：

ハーブとフローラルな香りが目立つ大変特徴的な品種です。香りが長く響くのも特徴の1つ。若干苦みが強くなりがちなので、ビールにたとえると、エールのような感じです。

蒼風《そうふう》：

ぶどうの甘みを感じるインドの遺伝子（「静-印雑《いんざつ》131」の茶樹）が入っている品種です。茶園ではそのたくましく伸びている様子が目立ちます。インパクトのある味ですが、上品でエレガントな味わいもあるお茶です。

在来：

品種ではなく、実生で増やされた茶の樹を指す用語ですが、とてもおもしろい存在なので、おすすめしたい。品種と違い、香味が安定していませんが、ユニークさとバリエーションを楽しめます。

さやまかおり：

うまみが少なめの品種ですが、その分、山々を思わせるさわやかな香りを演出してくれます。重さを感じさせない、ライトボディーな口当たりのお茶です。

静7132：

クマリンという成分が桜葉の香りを演出する不思議議なお茶です。時期を問わず、一年中桜の季節感を味わえるとともに、うまみもたっぷりと入っています。

やぶきた：

あえてすすめるまではないと思われるかもしれませんが、これほど愛飲される品種はありません。うまみ、甘み、渋み、苦みの要素をバランスよく備え、日本の山を思わせる香りが広がっていきます。

うまみ系

おくゆたか：

渋みのパンチを求める際にぴったりな品種です。シャープな松を思わせるような香りもこの品種をおもしろくしています。目覚ましにも効きますし、甘いお菓子のおともにもなってくれます。

おくひかり：

静岡の山間地で栽培されている晩生《おくて》品種ですが、やぶきたより個性が強く、凝縮された味に、鼻に抜けるような香りがあります。初心者よりも、本当にお茶の好きな人に好まれる品種です。

かなやみどり：

最近忘れられつつありますが、ミルキーでオレンジブロッサムをほのめかす香りがあり、知らないのはもったいない。香駿の父で、小さく多い葉で目立ちますが、味はやぶきたとは全く違います。

やまかい：

日本の茶の樹の品種の中で特にうまみが強く、その上メロンの風味も感じられる、非常に味わい深い品種です。濃い煎茶を飲みたい時、これ以上ぴったりな品種はありません。

「旅する急須」コレクション

日本茶の普及のため、日本各地はもちろん、最近では世界各国を旅することが多くなりました。その際、どこに行くのでも必ず持って行くのが急須などの茶器。中でもお気に入りの急須は、「日本茶」を象徴するアートと言ってもいい存在です。2016年の8月から、訪れた場所を象徴する場所に常滑の急須を置いて写真を撮る「旅する急須」を始めました。（写真：ブレケル・オスカル） www.instagram.com/brekell

テヘラン（イラン）
2016年11月

金閣寺（京都・日本）
2016年11月

マルメ（スウェーデン）
2016年8月

宮島（広島・日本）
2016年11月

コペンハーゲン（デンマーク）
2017年1月

デン・ハーグ（オランダ）
2016年10月

モスクワ（ロシア）
2017年2月

常滑市（愛知県・日本）
2017年1月

大阪城（大阪・日本）
2017年5月

ロサンゼルス（アメリカ）
2017年3月

特別な〝山のお茶〟の産地、東頭《とうべっとう》にて

写真：Hayato Motosugi

静岡市葵区横沢の産地「東頭」へは、ここ数年、定期的に通っています。摘採の時期だけでなく、季節ごとにきめ細やかな手入れを必要とするお茶作りの現場のことを、より深く知りたいという思いからです。また、この茶園の素晴らしさを伝えるため、英語での動画を作り、ネットで発信するということも始めました。東頭だけに限らず、できる限りさまざまな産地に出かけ、茶農家の方とのつながりをもち、産地の現状を知ることが重要だと思っています。

第5章

日本茶の現在と未来

急須のある家庭は激減

……減り続ける日本茶の生産量&消費量

今現在、日本国内でどのくらい日本茶が飲まれているか、ご存じでしょうか？

実は、日本茶、それも荒茶の生産量[※27]のデータを見てみると、数年前には84000tほどでしたが、現在はすでに80000tを切っています。消費量も同じ傾向で、1人あたりの購入量は平成27年度には2779gまで落ち込んでいます。

その理由を分析してみると結局、お茶以外にも選択肢が増えてきているという点が挙げられると思います。コーヒー、紅茶、ワイン、炭酸飲料、ジュース、そして健康食品の類いのドリンクなど。かつて、高度成長期にはお茶が大きなシェアを占めていたので、たくさん売れていました。そしてその頃は、ペットボトルのお茶やティーバッグなど便利なものもなかったため、各家庭では急須を使って淹れたお茶が飲まれていました。

現在、リーフ、茶葉を買って淹れて飲むという日本茶の飲み方は、激減してしまいました。

ではどんなふうに飲まれているのかというと、「ペットボトル」と答えるしかないのが現状です。

静岡でよく使われている「飲み茶」という言葉があります。高級茶ではなくて、１００g１０００円、あるいはそれ以下の、すごく高級というほどではないけれど、そこそこ品質の良いお茶を、毎日急須で淹れて飲む習慣のことです。そんな、かつてあったお茶の文化は、今はもうなくなりつつある状況だと思います。

ペットボトルのお茶が悪いとは思っていません。

どこにでも持ち運んでお茶が飲めるということで、すごく便利だし、少なくともお水よりもおいしい。また、砂糖など不健康なものや余計なものが入っていないから、糖分の多い清涼飲料よりはずっと体にやさしい。全然悪くはないのだけれど……。

ただ……これだけがお茶ではないのです。急須で淹れたお茶とは次元が違うのです。もしも、日本にペットボトルのお茶しかなかったら、わざわざそのために日本語を学んで、人生を変えるようなことはなかったでしょうから。

進む若者世代の急須離れへの危機感

お茶の消費量が全体的に減っているのは前の項でもお話した通りですが、それよりも私が心配しているのが、世代ごとの消費量の差と消費のされ方の違いについてです。急須[※28]やティーポットに茶葉を入れて飲むという飲み方をしているのはほとんどが50代以上の高齢者で、20~30代の若い世代のほとんどが、ペットボトル、あるいはティーバッグでお茶を飲んでいる、という実態です。

この事実は、私にとっては本当におそろしいこと。現実として受け止めて、危機感を覚えています。この高齢者世代が亡くなってしまう10年後、20年後にはいったいどうなってしまうのでしょう。

私は今、日本茶の普及のために、各地で講演やセミナーを行っていて、その参加者には高齢者の方もいらっしゃいます。それ自体はとてもうれしいことなのですが、こういった現実を受けて思うのは、「若者たちにお茶の魅力をアピールして、お茶を飲んでもらうようにしなければいけない」ということ。もっと若者向けの活動をすることが急務なのです。

若い人たちはどうやって情報を得ているかというと、新聞とかテレビというよりも、twitterやinstagramなどのソーシャルメディアやyoutubeなど、インターネットを媒介にしたツールからだと思いますが、お茶の業界の団体はそういった方面での対応がまだまだ遅れている状態です。

お茶を広めるにはどうしたらいいのか、これはあくまでも私1人の見解にすぎませんが、まずは、飲んでもらうこと。これが一番だと思います。特に若者に。

そのためには、お茶を飲む場面や場所を増やさなければ、と思っています。

日本に来て驚いたことの1つに、居酒屋とか料理屋さんに行くと、お酒を飲まない人向けのソフトドリンクのメニューには、（炭酸飲料やジュースなどを除けば）安い烏龍茶《ウーロン》しかないということがあります。

「そういう場所で、なぜ日本茶が出ないの？」と思いました。客単価の低い、庶民的な居酒屋はともかく、そこそこのクラスの飲食店でも、ほぼ同じ状況です。

せっかくおいしい料理を提供しているのに、なぜ良いお茶が提供されないのでしょうか？

お酒が飲めない体質の方や、車で来た方などに、あまり品質の良くない烏龍茶しか提供されていない現状には違和感がありますし、もったいないと思うのです。

最近では東京などの都会では、日本茶カフェが増えてきて、日本茶を広めるためには良い傾向だとは思うのですが、今後は居酒屋さんやふつうのカフェなどの外食店で、もっと良いお茶を提供してもらえたら、日本茶の良さが見直されるのではないかと思うのです。その方法を今後、個人的に探っていくつもりです。

淹れ方よりもまず、興味をもってもらうことが重要

私が行っているお茶のPR活動で多いものの1つに、いわゆる「淹れ方セミナー」のようなものがあります。こういったセミナーについて、最近思うことがあります。

セミナーにいらっしゃるお客さんは、必ずしもお茶の淹れ方を知りたいというわけではないのでは、ということです。

というのも、淹れ方に興味が出てくるのは、お茶が好きになってからだと思うのです。お茶を好きになった人は、どうしたらおいしく淹れられるか、どんな水が合うのか、茶器にはどんな種類があるかなど、自然と考えて行動するでしょう。ただ、好きになっていない段階で説明書を渡されたり、作法などをあれこれと指図されたりしたら、正直引いてしまうのでは、と思うのです。

今の日本の若者は、急須で淹れたちゃんとしたお茶をあまり飲んでいないから、「これは日本茶の正しい淹れ方で、日本人ならば知らなければいけないことです」という感じでプレゼンテーションするのは、たぶん逆効果だと思うのです。

学校などで、「お茶ってこうやって淹れるんですよ」と教えるのは大事な活動の1つかもしれないのですが、まずはお茶に興味をもってもらうことが重要だと思うのです。海外であろうと日本国内であろうと。

日本茶は世界ではマイノリティー？

視点を少し広げて、世界的な規模で「日本茶」を眺めてみると、ふつうの日本人の方が知らない事実がいろいろと見えてきます。

一般的に、日本の方は緑茶、グリーンティーは、主に日本のもの、日本茶＝緑茶、という意識があるのではないでしょうか。しかし、世界の市場では日本の緑茶は、中国の緑茶の生産量とは比べものにならないほど少ないのです。

ただ、その前に確認しなくてはいけないのが、「緑茶」とひと口にいっても、さまざまな種類があるということです。基本的には、緑茶とは茶葉を摘み取ってすぐに加熱をして酸化酵素の働きを止め、揉んだり乾かしたりした、発酵していないお茶のことをいいますが、種類によってこの加熱方法に違いがあります。

日本では、抹茶にしても煎茶にしても、蒸して加熱した蒸し製緑茶が多いのですが、中国で作られているものは釜で炒って加熱する、釜炒り製緑茶がほとんどなのです。

釜炒り製緑茶と蒸し製緑茶では、味と香りは全く異なります。そして、世界で出回っている緑茶は、ほとんどがこの釜炒り製緑茶で、日本で作られているような蒸し製緑茶のシェアは、おそらく数%ほどしかありません。残りの90何%以上は中国などで作られている釜炒り製緑茶だと思って、まず間違いないのです。

そういった意味で、日本茶は世界市場ではマイノリティー的な存在なのです。

中国の釜炒り製緑茶の品質の良い茶は確かに魅力があります。しかし一般に流通している中国の緑茶は、日本茶のようにうまみがなく、さわやかな香りをもつものが少ないように思います。

日本も歴史をさかのぼれば、昔から釜炒り製の、中国式の緑茶を作っていた時期があるのです。その頃、わざわざ日本に中国人の（技術指導の）監督さんを呼んで、仕上げ法を教えてもらっていたのです。

今でこそ、「日本人は誇りをもってお茶作りをしてきた」などと言われることも多いのですが、幕末から昭和初期の日本ではお茶は輸出品。海外の買い手の海外の人が何を求めているかによって、作り方を変えていたようなのです。

「日本茶でフレーバーティー」の疑問

前の項でお話しした、世界的に見たお茶の市場で主力になっている中国製の釜炒り製緑茶ですが、中国でも蒸し製緑茶が作られています。ただ、それらはストレートで飲まれることがほとんどなく、多くが[※29]フレーバーティーの原料になっています。

日本でも一部で愛好家がいる、このフレーバーティーについての私の考えをお話しします。

フレーバーティーは、ヨーロッパでも古くから人気があり、元々は紅茶をベースに作られていたと思うのですが、おいしさはもちろん、健康効果も期待されてか、やがて緑茶をベースにしたものも作られるようになりました。

ですが、ベースになる緑茶の性質には向き不向きがあり、たとえば日本で作られるやぶきたの蒸し製緑茶の一番茶は、フレーバーティー向きではありません。
なぜなら、お茶自体の味がしっかりしているため、フルーツなどの香りの強い香料などとブレンドされると、お互いの個性がぶつかってしまうからです。

ですから、中国などで大量生産されている緑茶の、しかも二番茶とか三番茶などの、うまみのないあっさりしたものの方が香料とブレンドしやすく、フレーバーティーには向いているといえるでしょう。

しかも、中国やベトナムのような、人件費の安い国で作られたものは、価格が安くなります。だいたいの目安として、1kgあたり200円くらいなのではないでしょうか。

ですから、ヨーロッパのお茶問屋さんにとって、中国やベトナムの緑茶は、文字通り「おいしい」商材なわけです。

資本主義がこれだけ浸透した世界では、お茶だけではなく、他の農作物でも電化製品でも、欧米や日本などの先進国で作るより、中国など人件費の安い国で作ったものの方が世界市場での競争力が強くなるという状況は、もう覆しようのない現実です。

そんな背景を踏まえると、今、あえて日本でフレーバーティーの原料を作るという考えは、私からすれば、逆流現象のように思えます。

こじんまりと、ある小さな会社のブランディングとしてやるというくらいならいいのですが、ある程度大量に、本格的にやろうとしたら、ベトナムとか中国と競争しなければならない。そこで日本が勝てる見込みはほとんどないわけです。

しかも輸出するための農薬残留基準はぎりぎりクリア、下手をしたらクリアすることができない可能性もあるのです。そんなフレーバーティーを、仮にヨーロッパなどの市場に出せたとしても、利益はまず見込めないでしょう。

また、フレーバーティーの好きな人は結局、ベースの緑茶がどこのお茶だって構わないわけです。なぜなら、ライムなどの香りがする緑茶が飲みたいのですから。

フレーバーティーの材料となることで、品質が高く、味の良い日本茶自体の価値や評価が、上がることも、まずないでしょう。

日本茶でフレーバーティー、というのは、もったいないと私は思っています。

「海外では日本茶ブーム」は本当？

最近、雑誌やテレビなどのメディアで、「海外で日本茶が注目されている」、あるいは「日本茶ブームが起こっている」というようなことを耳にしますが、私から見るとこれは大げさなように思います。少なくとも世界的なブームとまではいえません。

日本茶の輸出促進の仕事の一環でアメリカを訪れた時に、特にロサンゼルスなど海岸の都会を中心に抹茶が流行っている様子は確かに感じました。

今年（２０１７年）、健康食品の展示会でロサンゼルスに行った際、そういった主旨での展示会だったからか、丸ごと成分を摂取できるというイメージからか、粉末のお茶への関心の高さを感じ取りました。

また、アメリカ人の方は考え方が合理的な人が多いようで、「これはどんな（健康）効果があるのか？」というような、効能についての質問を多く受けました。

たぶん、味や文化といったことよりも機能性を重視しているのでしょう。

それに比べてヨーロッパの人々は、よりお茶の味や茶器に興味をもつ方が多いように思います。

どうやって淹れればおいしくなるのかとか、お茶とお水の関係などをまじめに考えている方もいて、私がセミナーで出向いた際には熱心に質問をしてくる方もいます。

確かに日本茶についての関心は低くはなく、注目されてきている、という状況はあるように思います。ただ、日本茶の流通が世界で増えたのかというと、それほどの量ではありません。

近年の日本茶の輸出量は、一昨年（2015年）には4000tを超え、その後また少なくなってきていますが、輸出額[※30]は若干増えています。

ですから、日本茶への注目度の状況はあるけれど、ブームといえるほどの量は出ていないのが現状なのです。メディアの取り上げ方はいささか大げさだと思います。

いわゆる和食ブームなども同じだと思います。お寿司は、いろいろな国で食べられるようになってきましたが、ちゃんとした日本料理を食べられる国というのは、世界にもそう多くありませんから。

お茶の残留農薬のこと

日本茶の輸出が思いのほか伸び悩んでいる背景には、日本茶の残留農薬の問題もあります。実は、日本茶のほとんどは、輸出することができない状況にあるのです。それはなぜかというと、日本でお茶作りのために使われている農薬は、ヨーロッパやアメリカなどで、お茶の生産がわずかなために、登録されていないケースが多いからです。

たとえば、輸出にあたっては、輸出先の国ごとに、品目ごとに農薬を登録して認可されないと、輸出をすることはできません。たとえばある農薬がお茶とみかんの生産のために使われている場合、みかんにはその農薬が認可されていても、お茶には認可されていないことがあるのです。

ですから、登録されていない農薬が検出された時点で、もうアウト。輸出することができなくなってしまうのです。

また、農薬の残留基準を設定する際には、１つの農作物だけではなく、複数の品目の残留農薬の量を合計した値によって、判断する方法がとられています。

たとえばある農薬が、いくつかの農作物のために登録されている状況だとそれ以上の登録ができなくなることがあります。これは欧米に限らず、日本でも似たことが起きています。

それならば農薬を使わない無農薬や有機栽培のお茶ならどうかと思いますが、それも難しい状況があります。

日本では、うまみがたくさん入っているお茶が好まれるという傾向があります。そしてその日本茶のうまみを演出するためには、肥料を与える必要があるのですが、肥料を与えると、どうしても病害虫が付いてくるため、農薬はどうしても必要になってきます。

特にやぶきたをはじめとした品種茶は、挿し木によって増やす、いわばクローン栽培を行っているため、1つの木が病気になると、他の木もすべて同じ病気になることが多く、それを防ぐためにも農薬は不可欠なものとなります。

農薬の問題は難しく、何が安全なのかということについて、化学者ではない私は何ともいえないのですが、お茶を他の農作物と分けて考える必要はないと思いますし、有機や無農薬の農作物が完璧に安全なのかというと、そうともいえないと思うのです。なぜなら、農薬を使わない作物は、どうしても病害虫から免れることが難しいため、作物には病原菌などが付きます。自然にあるものはすべて体に良いとは思えないのです。

昔使われていたＤＤＴなどの農薬は、周りの動植物の多くを殺してしまうこともあり、その畑の周囲の生態系に影響を及ぼした、という事例もあったようなのですが、今使われている農薬は基本的に、ある特定の害虫を駆除する目的で作られているものが多く、それ以外には影響が出ないとされるものがほとんどです。

ほとんどの消費者が、畑に出たことなく農業のことを知らないので、農薬というと、マイナスのイメージが付きまとってしまうのかもしれませんが、それは畑の現実を知らないゆえの考え方でもある、といえるのではないかと思うのです。

私も、元々は有機志向でしたし、緑茶についてもナチュラルなイメージをもっていましたが、実際に産地まで行って、お茶がどういうふうに作られているかを知ったり、作業に加わったりすることで、現実が見えてきたところがあると思います。

放任茶園とお茶農家の後継者問題

静岡県内を車で移動していると、どこへ行っても茶畑が多いのですが、最近では毎年のように、放任茶園、誰も耕作しなくなった茶畑が増えています。あと10年、15年経ったらどうなることやら……。

特に山間部の産地が心配な状況です。傾斜地なので作業性が悪いからという事情もあるのでしょう、ほとんどが65歳以上の方である茶農家さんが、農作業を続けることができず、畑を、そして農業を放棄するケースが増えています。

そうなってしまう背景には、茶農家さんの家の後継者問題があります。それぞれの農家を子どもの世代が引き継いでくれるかどうかということです。なかなか後継者がいないために、茶農家さんは減り、放任茶園が増えているという現実があります。

中には、若い世代が新たに茶農家を引き継いでいるケースもあります。たとえば私が毎年通い続けている静岡の産地、東頭で先代の築地さんの跡を引き継いでいる小杉さん（築地さんの甥っ子でもある）は、まだ30代。とても良い状況にあるといえます。

東頭以外でも、家業がお茶農家で、その跡を継いでがんばりたいという若い人も、中にはいます。

私が2015年の4月から1年間通っていた静岡の茶業研究センターの近くにある、国立の茶業研究所（国立研究開発法人農業・食品産業技術総合研究機構　金谷茶業研究拠点）には、全国から研修生が来ていました。鹿児島、福岡など九州から来られている方も多く、彼らの多くは、本格的にお茶農家になろうとしている人たちでした。

こういった有望な若い人たちの数は、相対的に見ると少ないのですが、10年後や15年後にはこの状況は変わるのではないか、という見込みもあるのです。

今後5年、10年もすると、現在65歳とか70歳くらいの茶農家さんが、お茶作りをやめてしまうと、必然的に生産量が減ってしまいますが、お茶の単価は今よりも上がる可能性があります。

現在はお茶の量が市場にたくさんある〝買い手市場〟な状態です。全国からお茶が集まる茶市場に行くと、お茶の単価は比較的安くなっているのがわかりますが、それはお茶農家さんにとっては辛いことなのです。

それでも若い茶農家さんは、今がまんしておけば、10年後や15年後、生産量が60000トンくらいに落ちてしまった時には、お茶の単価が上がって、今の状況と反対に〝売り手市場〟、つまり農家さんにとって都合のよいマーケットとなる時代がやってくるかもしれません。

私としては、茶業界にとってポジティブな志をもっていたい。そしてどうしたらお茶業界にとって良い未来が訪れるかを常に考えながら、行動していきたいと思っています。

茶産業を生き残らせるためにすべきこと

こうしてみてくると、日本の茶業界には、今すぐにでも取り組んでいかなくてはならない課題が山積しているように思います。

さまざまな活動を通じて、私なりに考えている対策やしていくべきことをお伝えしたいと思います。


まず、商品化されたお茶の商品情報の充実や統一的な基準を設けることです。

皆さんも、スーパーなどでお茶を買おうと思った時に、どう選んだらよいか、迷った経験はないでしょうか。

日本で流通しているお茶のパッケージは、そもそもちょっとわかりにくいものが多い、と私は思っています。

「……園の～」と茶園の名前が記されているだけならまだしも、「職人の技」だとか、「巧みに仕上げられた……」とかわかりにくい、抽象的な言葉が使われていることが多いのです。

品種、産地、製法などのまとまった情報はもちろん、そのお茶はどんな香りがして、味の傾向はどうだとか、何に合いそうだとかといった、もっと具体的な情報をパッケージに記すべきだと思っています。


私が本格的に日本茶の道に進むきっかけになった日本茶カフェで販売されている品種茶の

パッケージには、こう書かれています。

『バランスの良い甘みと渋み、そしてスミレの様な甘い香りで、どのスイーツとも相性が良い』

こんな説明なら、消費者の方は具体的にお茶のイメージをすることができるので、買うための有用な情報になると思います。

ワインや日本酒には、産地やアルコール濃度だけでなく、甘口・辛口、風味や口当たり、そして等級などの商品情報が整理され、商品のパッケージに掲載されています。ですから消費者は、その情報を元に商品選びができます。

日本茶の商品パッケージにも、ある程度統一された判断基準や、具体的に味や香りをイメージできる簡潔で具体的な情報を整備していく必要性があると思っています。

また、海外向けの戦略としては、日本茶に関する情報を複数の言語で発信するしくみや、海外在住の日本茶のスペシャリストを育成することが必要だと思っています。

海外では日本茶に関する情報を日本語以外で入手することが難しい状態が、未だ続いています。インターネット等でも、英語やその他の複数言語で、お茶の情報や知識を公開しているサイト等はなかなか見当たりません。

たとえばワインのことを勉強したければ、フランス語やイタリア語を勉強する必要はなく、日本語でもスウェーデン語でも英語でも充分に勉強できます。

ところが日本茶の場合、まずは日本語がわからないと、深いところまで勉強することができません。

そのことで苦労した私としては、そういった状況を改善していければと思っています。

ペットボトル茶とシングルオリジン　～二極化するお茶市場の未来像

これからの日本のお茶市場がどうなっていくのかをお話したいと思います。

まず結論からいうと、生き残っていくのは、ペットボトルのお茶と、単一農園単一品種、いわゆるシングルオリジンのお茶なのではないでしょうか。

要するに、日常的で便利なものと、希少で個性のある特別なお茶というように、市場は二極化していくのではないかと、私は予想しています。

ペットボトルのお茶の消費が、これからもお茶市場のメインストリームであろうことは、前の項で述べたような状況から予測できると思います。

一方、ペットボトルのお茶とは正反対の存在である単一農園単一品種のお茶が市場における存在感を増していくだろうという予想は、意外だと思う方もいらっしゃるかもしれません。

何しろ、現在の市場に出回っている単一農園単一品種のお茶は、全体の市場のわずかに過ぎず、増えるとしても割合的には微々たるものだと私自身も思っているからです。

しかし、現在市場に出回っているお茶の主な特徴であるブレンドされた緑茶にはない、品種茶ならではの個性や味などは、お茶のマニアックな愛好家はもちろん、お茶に対してさほど興味のなかった一般消費者の方も惹きつけるユニークな魅力があると思っています。

ワインやコーヒーはもちろん、最近ではチョコレートなどの嗜好品の世界でも、ブレンドではなく、純粋で高品質なものへの志向が高まっています。日本茶の世界でもこの傾向は徐々に注目を集めており、実際に若い世代の愛好家もおり、雑誌などのメディアで取り上げられることも多くなってきました。

茶業界にかかわっている者として、認識しておかなければと思っているのは60～70年代の高度成長期等のような日本茶の黄金時代はもう二度と戻ってはこないだろうということです。お茶の消費が伸びないという今の流れに抗うことよりも、お茶とはどういうところが良いのか、お茶を飲むことで生活がどう良くなるのか、そして若い人にとってどんなふうにプラスになるのかということを考えた方が良い。それはつまり、茶業界がこれからどうやって生き残ればいいのかということを、より積極的に考えることでもあると思うのです。

※27 全国茶生産団体連合会・全国茶主産府県農協連絡協議会の調査によると、平成25年度には、86773tだった緑茶の生産量は、平成27年度には78846tと80000t台を切っており、減少傾向にある。また、緑茶の1人当たりの購入量は、279gで、平成23年度までの水準（316g）から減少傾向にある（総務省家計調査より）。

※28
お茶（緑茶、ウーロン茶、麦茶、ほうじ茶）を茶葉（ポットに入れてお湯を差して）で淹れて、日常的に（「ほとんど毎日」「週3〜5回」併せて）飲んでいる割合が高いのは、50代（44・9%）、60代（66・8%）。一方、ティーバッグや粉茶を使って日常的に（「ほとんど毎日」「週3〜5回」併せて）飲んでいる割合が高いのは、20代（35・3%）、30代（34%）、缶やペットボトル、紙パックのお茶を日常的に（「ほとんど毎日」「週3〜5回」併せて）飲んでいる割合が高いのは、20代（36・4%）、30代（35・2%）となっている（「嗜好品利用実態調査」結果　公益財団法人たばこ総合研究センター　2014年8月　より）。

※29　フレーバーティー
紅茶や緑茶などに果物の香料や乾燥させた花びらや果皮などを合わせて香りや風味を添加した茶飲料。柑橘系のベルガモットの精油で香りを付けたアールグレイティーは、紅茶をベースにした代表的なフレーバーティーの1つ。

※30
日本茶の海外への輸出額は、2012年の数字で50・5億円で、5年前の2007年に比べ、約1・5倍となっている。なお、輸出先は約半数がアメリカ、次いでシンガポールやドイツなどが続く（「茶の輸出戦略（参考資料）」農林水産省　平成25年8月より）。

対談

知ってほしい、日本茶の世界はこんなにもおもしろい！

和多田 喜（日本茶カフェ「茶茶の間」主人）
×
ブレケル・オスカル

シングルオリジンの先駆け
「茶茶の間」での出会い

——2人で話すことはよくあるんですか？

和多田喜（以下和）　産地に向かう新幹線の中が多いかな。

オスカル（以下オ）　新茶の時期に一緒に行くことが多いんです。

——和多田さんも茶園に足を運ばれるんですね？

和　やはり茶畑に行かないとわからないことがあるんです。特に、うちの店の看板のお茶「秋津島」[※31]の摘採の時には必ず行くようにしています。うちの店は、「単一産地、単一品種の煎茶」を提供することがコンセプトでもあって。最近では「シングルオリジン」という便利な言葉が生まれましたね。こういった流れの先駆け的な存在ではないかと思っています。

——なるほど。オスカルさんがこの茶茶の間さんで一番最初に飲んだのはどのお茶なのですか？

和　「秋津島」？　それとも「桜薫《さくらかおり》」？

オ　お店で飲んだのは「秋津島」だったと思います。

——「秋津島」の品種は何ですか？

オ　「やぶきた」です。それまで産地の個性が楽しめるお茶や品種のお茶を探していたんですがなかなかなくて。望んでいたお茶がこちらにはたくさんあり、驚きました。だからある意味、今私が日本にいるのは、この人（和多田さん）のおかげなんです（笑）。

——それはいつ頃のことなんですか？

オ　2011年の、9月の初め頃だと思います。

和　日本茶カフェの本を見て来たんだよね。品種ごとにお茶を楽しめる専門店を探して、「やっとここにたどり着いたんです」といって。今まで帰りにガラス越しに深々とお辞儀をしていった人はオスカルさんだけだよ。この人になら、何でもお茶のことを教えたいと思いましたね。

――それまでに飲んだ「やぶきた」とは違った？

オ　違いますね、あのお茶は。飲み込んでから長く響くというか……。特別な香りがして。

和　このお茶の香りが、畑の香りそのものなんです。だからこのお茶を飲むと、静岡の畑に行かなくても、静岡の香りが味わえる。他の品種茶の話ですけれど印象的だったのは、オスカルさんが「青い鳥」（品種名は蒼風）を気に入って、スウェーデンに持ち帰って日本茶セミナーをした時、その「青い鳥」を淹れたら、スウェーデンでも静岡の香りがした、といっていて。それはすごいことだなと思ったんです。

オ　スウェーデンに帰る時は、必ずセミナーのようなお茶会をしているんです。日本茶のファンがいて、彼らが飲みたいのは、個性のあるお茶。特に「青い鳥」を紹介した時、私の心に響いたんです。

和　実は彼は、「ここで働かせてほしい」といってきたことがあるんですよ。

オ　お茶のことをしようとは思っていたのだけれど、どう進めばいいかわからなくて。ここに来て探していたお茶と出会えて。淹れ方とかお茶のアレンジにも感心して、ぜひ学びたいと思ったんです。「この人の能力の20％くらい学べば、ヨーロッパでもやっていけるんじゃないかな」って思ったんです（笑）。

和　（笑）。

オ　今まで行ったお店では、店員さんが知識に自信がなくて、いろいろ聞いてもちゃんとした答えが戻ってこなくて。ここ（茶茶の間）ではいくらでも話すことができて、とにかくうれしかったんです。

日本茶カフェを始めた理由

――そもそも和多田さんが日本茶カフェを始められたきっかけは何だったのですか？

和　子どもの頃から紅茶好きで、高校生くらいの時に、自分で産地別のこだわった茶葉を買って、淹れて飲むようになったんです。

オ　私も高校生の時に紅茶が好きで飲んでいたので、ルーツが似ているなと思いました。

和　そうですね。大学生くらいの時、日本茶に興味がわいたんですが、淹れ方が難しくて。で、卒業するくらいの時、本当においしい日本茶が飲みたいと思い、広尾にあった「蒼庵《そうあん》」という日本茶カフェに行ったんです。そこで、「摩利支《まりし》」[※32]と「大葉水香《おおばすいこう》」[※33]というお茶に出会い、感動して。

――どんなところに感動したのですか？

和　自分がお茶に求めていたものすべてが、おいしいだけじゃない情緒的な何かがあると感じたんです。その後、蒼庵はなくなってしまったのですが、日本茶の魅力を知ってしまった以上、これをやらないのはもったいないと。あと、日本茶に可能性を感じたんです。自分も日本茶のことを知らなかったし、世の中の人も知らないはず。それは、飲む機会がないからなんです。ならば、飲む機会をつくる場を自分がつくれば良いんじゃないかと思ったんです。

オ　私も同じような感覚で日本茶の世界に入ったんじゃないかと思っています。日本茶を飲むと、瞬間移動というか、まるで自分が茶園の中にいるような感覚に陥るんです。その感覚は紅茶にはないんです。紅茶とかプーアル茶を飲んで想像するのは、別の環

境のような気がします。

和　そうですね。どちらもおいしいんですが。

畑での感動が、店を続ける原動力に

——12年前からこの場所（表参道）で営業されているということなんですが、その間、日本茶を取り巻く状況に変化はあるように思われますか？

和　現状を客観的にいうと、かなり厳しくなってきているんじゃないかと思うんです。逆に、本当に嗜好品としてお茶を楽しむということだけで見ると、以前より良くなってきている面もあると思います。

オ　そうですね。何年か前だったら、「このままここには居られないな」と思って、台湾かどこかで、烏龍茶の世界に飛び込んでいたかもしれません。

——なるほど。ところで和多田さんはどうやってお茶の淹れ方を学んでいったんですか？

和　自分で勉強したのもありますし、店を続けていく中で知り合った方に教えて頂いたこともあります。お店を始める前は、いったいどう淹れたらいいのか全くわからなかったんです。何がお金を頂けるお茶なのかっていうことも。明確な答えもないわけですし。お客様の反応を見ながら、ああでもない、こうでもないと試行錯誤していたんです。

オ　和多田さんは東頭の畑に行った時、何かを掴ん

だとお聞きしたんですが。
和　ええ。茶業界の方との出会いの中で、「秋津島」の畑（東頭）に行く機会を得たのですが、そこで自分がなぜ、お茶にかかわっているかを気付かせてもらえたんです。その時の感動がなければ、「続けよう」という気持ちの原動力にはならなかったと思います。
――何がそう思わせたのでしょう？
和　自分がなぜ日本茶に感動したのかという疑問の答えが、その畑にあったんですよ。飲んだ時にイメージした風景が、「秋津島」の畑に行った時、そのまま目の前に広がっていたんです。「ああ、この風景を感じていたんだ」と思ったんです。紅茶や中国茶もおいしいけれど、その先のものがないんです。日本茶は、飲んだ瞬間に自分が子どもの頃に遊んだ風景や自然を感じたんです。「山」を感じたんですよ。
――それから何かが動いたのですね？
和　最初はわからなかったんですが、畑に行くと、言葉にならない何かを得られるんですよ。こう実感できるようになるには、少なくとも3年はかかっているんです。また、そこからお茶の淹れ方の方向性も変わっていったんだと思っています。
――オスカルさんが、和多田さんほど日本茶を上手に淹れる人はいない、といっていますが、一般の方はおいしく淹れる方法がわからないと……。
和　お茶って、こうしなければいけない、というものじゃないんです。おいしく淹れなくちゃいけない、という義務感で淹れるというのも、もったいない話。1つのゲームみたいなものだと思って楽しんでもらいたいんです。感覚を使った遊びみたいなものだと。
オ　私も、最初は日本茶の理屈もわからなくて、何回か自分でやってみて、自分なりに本で勉強したりもして、やっと感覚がつかめてきたんです。
和　もう11年くらいお茶のセミナーをやっているのですが、そこに来てくださるお客様の意識は、以前

と比べ、変わってきているように思います。お茶を楽しみたい、という方が多いんです。その状況は、10年前よりも整ってきたんじゃないかと思うんです。

日本ならではの個性をもった「秋津島」

——お茶の産地のことを少し教えてください。

オ　平地の、住宅街の近くにあるような産地にも行きましたが、やはり山間地の東頭は全く別世界です。

和　産地ごとに作る理屈が違うんです。山間地では大量生産はできないから。東頭の先代の築地勝美さんがよくいっていたのは、自分の畑は山だから、「いいお茶作らないとしょうがねえら」って。

——大量生産できないから代わりに……？

和　ええ。築地さんのお父様、築地さんの甥の現園主の小杉佳輝さんと三代で、世界一のお茶を作りたいと取り組まれてできたのが「秋津島」です。この名は、店で出す際に私が名付けたものです。店を始めた12年前には、「単一農園単一品種のお茶です」と言っても、お客さんには理解してもらえなかったので、それぞれの個性を読み解いて名付けをしたんです。こんなイメージのお茶です、と示すと、お客さんは選びやすいのかなと思って。

オ　「秋津島」は、日本の本州の古称ですよね？

和　「秋津」というのは、とんぼを意味していて、とんぼがたくさん飛び交っている島、ということです。「秋津島」を飲んだ時、何ともいえない日本的な感じがしたんです。渋みがあり、甘みがあり、香りがあり……そのどれもが嫌みなく消えるのですが、余韻は残る。その感じを表現したんです。

オ　日本茶って、渋み、苦み、うまみ、甘み、そして香りもあって、人生のようだと思うんです。人生にもいろいろあるでしょう？　そのすべてが、この湯呑みの中に入っているんじゃないかと思うんです。

——ロマンを感じます。日本茶を好きになったことで、日本育ちではない引け目を感じたことは？

オ　あまり感じたことはないです。ただ、お茶のことを学ぶためにまず日本語を習得しなければならなくて、その意味でハードルが高かったんです。逆に自分が日本人だったら、日本茶の魅力に気付かなかったかもしれないですし。

感動的な日本茶を世界に伝えるために

——お2人には今後の展望はおありですか？

和　ええ、今後のお茶のことを考えた時、まずしなければならないのは、お茶のおいしさ、楽しさを多くの人に知ってもらうこと。そして、お茶のグレード分けをすることが重要だと思っています。山間地の、感動するようなお茶には価値を付けて、そのことを世界に向けて発信することも必要です。大規模生産をしたらいい、と思うかもしれないですけれど、その先には中国がいる。勝てっこないんです。

オ　先進国である日本がお茶作りをし続けようと思ったら日本でしかできないこと、演出できないことをしなければ。まさにこの、秋津島のような高品質の日本茶をきちんと紹介していくことが重要です。

和　お茶作りってとても手間が掛かるのに、その結果の商品がなぜこんなに安いのかと。「秋津島」は世界最高峰の緑茶なのにもかかわらず、うちのお店では50g4200円、まだこの値段なんです。

――ワインやコーヒーならもっと高いのに？

和　消費者側にとってはいいことですが、それでは作り続けられないかもしれない。価値に見合う値段が付いたら、生産者も「作ろう」ということになる。

オ　日本茶は海外でもある意味ニッチな存在ですが、一部に熱心なファンがいます。そんな人たちに紹介していきたいんです。高品質な嗜好品、赤ワインや紅茶などの仲間として考えてもらいたい。それができれば日本茶は生き残れるはず。当面の課題は、日本茶の良さに気付いてもらうこと。海外に発信することも、私に託された課題だと思っています。

和　まずは飲んでください、ってことですね。すごいですよ、日本茶は。世界を変える力がある。

オ　和多田さんやその他の関係者の方々は、私にとってありがたい存在です。私が何かをやろうと思えば、必ず誰かの助けが必要ですから。

和　私だけでは説得力が足りない時もあります。日本茶をリスペクトしている外国の人もいることを示すことで相乗効果が出ると思います。協力し合うことで世界が広がるんじゃないかなと思うんです。

（2017年5月　表参道「茶茶の間」にて）

聞き手：岡田カーヤ
写真：高見知香

※31　秋津島《あきつしま》
「東頭《とうべっとう》」で栽培、収穫された最高級の「やぶきた」種のお茶。

※32　摩利支《まりし》
静岡市水見色の杉山八重穂《やえほ》の園地の畝間より生えた茶樹から挿し木を作り品種の固定を実施。極早生《ごくわせ》でうまみが強く、製品は濃緑の水色が特徴。選抜および育成者は山森理佐雄、山森美好。

※33　大葉水香《おおばすいこう》

麻利支の育成者、山森氏が杉山八重穂の園地より実生《みしょう》の茶樹から選抜したオリジナル品種「水見色《みずみいろ》かおり」で作られた国産の釜炒り茶。華やかな香りと豊かなうまみが長く楽しめるお茶。蒼庵では「姿茶《すがたちゃ》　大葉水香」の名前でメニューとなっていた。

和多田喜（わただ・よし）

2005年、日本茶インストラクターの資格を取得し、東京は表参道に日本茶カフェ「茶茶の間」をオープン。日本茶ソムリエとして、日本茶の魅力や新しい楽しみ方を紹介している。「茶茶の間」だけでなく、各地で開かれるセミナーの講師としての活動や執筆活動などでも活躍中。著書に、『日本茶ソムリエ・和多田喜の今日からお茶をおいしく楽しむ本』（二見書房　2009年刊）がある。

茶茶の間

所在地―東京都渋谷区神宮前5―13―14
TEL―03―5468―8846
営業時間―11：00～19：00
定休日―月曜日、第2火曜日（月曜日が祝日の場合は翌火曜日、第2火曜が祝日の際は第3火曜日）
HP―http://chachanoma.com/

対談に登場してくださった和多田喜さんの営む日本茶カフェ。表参道から一歩入った静かな空間で、本書で紹介しているようなさまざまな品種の日本茶やスイーツ、そしてランチタイム（開店から14：30まで）には、旬の野菜をたっぷり使った食事メニューも楽しめる。店頭、そしてオンラインストアではさまざまな品種茶をはじめ、茶器なども販売している。

お茶の道に進むことを
ただ1人応援してくれた母のこと

私が日本茶の道に進む時、唯一背中を押してくれたのは母でした。それと同時に、日本茶にひかれるようになったのも、母がきっかけになっていたのかもしれません。最後に私の母の話を少ししたいと思います。

母は私が生まれる前、4歳上の姉を出産した直後、ある病気を発症しました。多発性硬化症[※34]という、北欧やカナダなど北の地域に多く、視力が落ちたり、脚が動かなくなるといった症状が、少しずつ進んでいく病気です。

私がまだ4歳の頃には、自転車に乗っている母の記憶もあるのですが、10歳くらいの頃には車椅子に乗る体になりたくないといってがんばって杖を使って歩き、よく転んでけがをしていました。

母は働いていましたが、病気が悪化してくると仕事を在宅勤務に切り替えて、家で仕事をしていました。しかし、直に車椅子で自由に動くのも大変になり、ベッドでの生活を余儀なくされました。

そんな中でも、私たち家族の生活にはお茶がありました。家族みんなで飲むお茶のほとんどは紅茶でしたが、たまに私が緑茶を淹れることもありました。私は父や母と一緒にお茶を飲む時間はもちろん、1人静かにお茶を淹れて飲む時間も大好きでした（姉は日本茶を全く受け付けない体質のため、当時も1人で紅茶を飲んでいましたが）。

今考えると、お茶を飲んでいた時間は、私たち家族にとっての「癒し」のために必要だったのだと分析できるかもしれません。しかしあの頃はそういった意識もなく、飲むだけで別世界へと連れて行ってくれるお茶の世界に、どんどん魅了されていきました。

一時的に癒しを与えてくれるから、というだけでなく、お茶のもつ歴史、文化などの奥深さが、私を別の世界へと連れて行ってくれたのです。

そんな母は2016年の夏に亡くなりました。

私が大学生くらいの頃からしゃべるのも難しくなり、日本で暮らすようになってから、一次帰国した際に見た母の顔は、急激な体力が衰えを感じさせました。

母が亡くなる3日前、スウェーデンの実家へ帰った私は、久しぶりに母とゆっくり過ごす時間をもつことができました。私は母に、いつも持ち歩いている「旅する急須」で蒼風のお茶を濃く淹れました。

「うまみがおいしいね」

そう言って喜んだ母は、私に
「オスカルは、いつ帰ってくるの？」

と質問をしました。

「今年のクリスマスに帰るよ」

そう答える私に、

「そうではなくて、正式にスウェーデンの家へ帰ってくるのはいつなの？」

といいました。

「あと数年はいるんじゃないかな」

どんどん病状が悪化している母を目の前にしていうのは心苦しかったのですが、私は、今、日本でいろいろとおもしろいことが起きていて、まだすべてをやりきれていないことを告げました。すると母は少し寂しそうに「そう……」と言った後、気丈にこう続けました。

「日本に夢があるのなら、そこでがんばりなさい」

それが母との最後の会話になりました。

数日後、母は病院に運ばれ、一度だけ意識を取り戻し、「子どもたちはもうすぐ到着しますよ」という看護師さんの語りかけににっこりと微笑んだといいます。

その後、再び意識を取り戻すことなく、息をひきとりました。


病気になる前、母はいわゆるキャリアウーマンでした。

スウェーデンは今でこそ男女平等で有名ですが、80年代当時は、女性が課長になることはほとんどありませんでした。そんな時代にスウェーデンの鉄道会社の貨物部門で人事の仕事をしていた母は、最終的には課長職にも就いたほど、会社の中で闘ってきた女性でした。


母についてはもう1つ逸話があります。

スウェーデンでは、今でこそ男性が育児休暇をとることは当たり前になっていますが、当時は社会的な習慣や家庭の事情が邪魔して、今の日本のようになかなか実行する人がいませんでした。しかし、母は父に育児休暇を取らせたのです。父が弁護士という休暇を取りにくい職種だったにもかかわらず。

母は自分が病気だったこともあり、できるだけ家族と長くいたかった、ということもあるのでしょう。「育児休暇を取りなさい」と強く言って、父にそれを認めさせたようです。

母は積極的に社会を変えようとした人でした。だから私が日本で暮らしたいと言った時も応援してくれました。小さい頃から、

「好奇心は悪いことではない。どんどん深めていきなさい」

と教えてくれました。

そんな母だから、自分が病気であろうと、親戚中が反対しようと、私の夢を応援してくれたのだと思います。だからこそ、今ここに私はいるのです。


私は宗教や天国を信じていません。しかし、母に顔向けのできない仕事は絶対にしないと心に誓っています。あれだけ私をサポートしてくれた母に恥ずかしくないよう、中途半端な仕事はせず、自分が決めたお茶の道を、しっかりと歩み続けなければなりません。

それは自分のためでもあるし、母のためでもあります。母が亡くなり、私は自分の好きな日本茶というものをしっかりと次世代に遺していこうと、気持ちを新たにしました。

好きで入った道だけれど ～日本独特の社会の中で

日本で仕事をしていると、会社などの組織内でのいろいろなことを、「もう少しシンプルにすればいいのにな」と思うことがよくあります。

1つの物事を進めていくのにも、いろいろな部署の人が確認して、メールをする際にはいろいろな人をCCに入れたメールを、何度もすることになります。さらには電話をして確認しなければいけないことも多々発生します。そしていわれた通り電話をすると、

「この件は大阪支店の人に聞いてみてください」

となり、また大勢の人をCCに入れてメールを送信、最初からの流れを説明する……。そんなことの繰り返しです。

臨機応変に対応して、ケースバイケースで対応することも大事ですが、システムを作ってシンプル化すれば、もっとみんなが早く帰れるのにと思うことが度々あります。

スウェーデン人は、どちらかというと合理的なシステムを好み、どうすればスムーズにいくかを考えながらプロジェクトを進めています。さらに平等社会なので、上司だろうが部下だろうが、すべての人を「あなた」と呼んでもいいのです。

唯一「あなた」と呼べないのは王室だけ。王様を除き、みんなが平等という考えなのです。

日本では会議で意見をしたくても、「場にふさわしい発言」かどうかを見極めないといけないことがあります。欧米でもそういったことは、ないことはないのですが、日本ではそんな雰囲気を特に顕著に感じます。

「何が正しくて、何が正しくないか」「何が組織のためになるのか」ということよりも、最初に優先するのは、周囲の人の顔色と、上司が納得するかどうか。いきなり若い人が「こうするのがいい」と意見をいっても、通じる社会ではありません。

私は会議などの場で、「これはこうしたほうがいい」「もっとこうすべきだ」と、自分の意見をよく発言しています。すると、

「オスカル君、日本という国ではあまり反発しないほうがいいよ」

とか、

「まだわかってないね」

といわれることがよくあります。

私は出る釘が打たれることを分かった上であえて自分の意見をいいます。誰かが出る釘にならないと、茶業界は変わらないからです。

日本茶はもっと若い人にアピールしていく必要があるし、海外へも積極的に発信していくべき。そのためにはYouTubeやSNSなどを利用した方がいいのだけれど、残念ながら現在それができていません。茶業界の偉い方たちの多くはFacebookなどの使い方をよく知らないけど、若い人たちに任せることもできない。

海外でお茶、緑茶を飲んでいる人たちは、日本とは逆で40歳以下が多く、若者を中心に緑茶の人気が高まりつつあります。そう考えると、今こそ彼らに向けて活動すべきで、その場合のツールは新聞やテレビよりも、インターネットやSNSが断然有効です。

そうした媒体でまずは英語、将来的には中国語など、言語を増やしながら、産地のこと、鑑定の方法、淹れ方など、正しい知識とともにお茶に興味をもってもらえる情報をどんどん発信していけばいいのです。

私はたびたびこうした意見や提案を茶業界の中でしては、釘を刺されることがあります。しかし、さきほどもいった通り、私はあえて「出る釘」になろうとしています。

今、お茶業界は危機に瀕しているといっていいでしょう。煎茶を作れば何もしないでも売れた、70年代のような時代はもう二度と戻ってきません。

私がやらなくても日本茶がなくなることはないかもしれません。でも、私が何か動くことで茶農家さんが栽培を続けることができるかもしれません。だからやらずにいられないのです。

とはいえ、こんなにいろいろうるさいことをいう私が茶業界の中でやっていけるのは、私の「真剣さ」を周囲が認めてくれているからでしょう。周りの方たちは、私が無給で静岡の茶業研究センターに行って勉強したことも、テレビや雑誌でお茶のPR活動をしていることも知っています。これくらいやっている「出ている釘」なら、少しは存在価値があると思って、大目に見てくれているのかもしれません。

夢を語り、騒ぎ立てる若者ではあるけれど、お茶を仕事にして、それが少なからず産地や農家さんのためにもなっていると信じています。日本には「論より証拠」という言葉があるように。言葉だけでなく行動で示すようにしたいと思っています。

もちろん、「表と裏」の日本的な使い分けは意識しています。会議中にはいろいろ意見を言っても、外に出れば茶業界にマイナスにならないように常に心がけています。それが今まで多くの方に応援して頂けた理由なのではないかと思います。

日本茶を次世代に遺したい

日本茶を次世代に遺していくために、今後やっていきたいことがいくつかあります。

まず1つ目は、私自身の、オスカルブランドのお茶を作ることです。せっかくの良いお茶を自分1人で味わうのではなく、より多くの人と楽しみたい。そのためにブランドを作りたいと思います。日本人でも外国人でも、日本茶のファンをもっと増やしたい。それが私の夢です。

お茶屋さんで働いていると、人によって渋みの強いお茶がいい、あるいは甘みが強いお茶がいいと、さまざまな好みがあることがわかります。それぞれの好みに合わせて既存のお茶をすすめて、「おいしかった！」と喜んでもらえた時は最高にうれしいし、お客さんもハッピーになります。

「お茶の伝道師」として、日本茶の楽しさを伝え、好みのお茶に導くことができたらうれしいです。

もちろん、国内外のセミナー、テレビや雑誌のPR活動は今後も続けていくつもりです。その際、私のお茶を買ってくれる人がいたらうれしいことなのですが、それだけが目的ではありません。いろいろなお茶を飲んでもらいたいので、選択肢の1つとして考えてもらえたら、と思っています。

そしてもう1つ大事なことは「ビジネスモデル」を作ること。

ボランティア的に余暇を使ってお茶にかかわるのではなく、農家や問屋、茶商などお茶にかかわるすべての人の生活が成り立ち、幸せになれる仕組みを作らないと、業界として発展しないでしょう。自分たちが幸せになるだけでなく、他の人も真似できる仕組みを作る必要がある、と思っています。そうすれば、人間は死んでも、産業としてのお茶作りが生き残っていくしくみは受け継がれていくでしょう。今、農家さんも問屋さんも、茶商さんも、自分ができるところまでやったら、次の代に引き継がず、自分の代で終わりだと考えている人が多いのが実情です。しかし、それでは業界の未来には期待ができなくなってしまいます。

このシステムは、茶農家さんも問屋さんも、お茶屋さんも消費者も、皆がかかわって作り上げていく必要があるのです。

私は自分が年齢を重ねても、お茶で食べていけるしくみを作りたいと思っています。

日本茶を売っている外国人は、今はまだそれほど多くありません。しかも、機能性だけでなく、文化や歴史のことをふまえて嗜好品として伝えている人はまだ少ないのです。

「あ、この人おもしろいことやっているな」

「お茶っていいよな」

「これならできそう」

「私もやってみたい」

と、そんなふうに思ってもらいたい。

それを実践する先駆者に私はなりたいと思います。先駆者である私は成功しなければいけません。責任は重大です。

最後に、大切なことをお伝えします。

日本茶は常に進化しています。

大昔に製法が確立して、同じものを作り続けていると思ったら大間違い。栽培も茶作りも、育種も、ブレンドも、仕上げの技術も、もっともっと良いものができないかと、生産者、問屋、機械のメーカー、みんながより良い方法を考えながら取り組んでいます。

戦後、飛躍的に進化した日本茶は、今から10年前と15年前では全く違いますし、10年後、20年後に新しく登場するかもしれない品種や製法も、ものすごく良いものができているかもしれません。

だから1つ気に入ったものを見つけて、「これでいいや」ではもったいない。常に変わっている、ということを頭の片隅のどこかにおいて頂けると、より日本茶の世界が楽しめると思います。

今も常に動いていて、日々、新しいこと、おもしろいことが起こっています。今後、ますますおもしろいことが起こるでしょう。

お茶は日本という国の宝です。国家遺産といってもいいでしょう。いや、和食が世界遺産として認められた現在、お茶だって同じように世界中の人にとっても遺産なのです。

若者にも飲んでもらいたいし、まだ生まれていない子どもたちにも飲ませたい。だからこれからもずっといいお茶が日本で作られ、それらを楽しむ文化を途絶えさせてはいけません。

そのためには本物の日本茶を味わい、楽しむ人たちがもっともっと増えてほしい。

日本茶インストラクターであり、お茶の伝道師として活動している私は、人類が作り上げた良いものを次世代へ伝えていく責任があると思っています。

何といっても、お茶は「人類の宝」なのですから。

※34　多発性硬化症

中枢性脱髄疾患《ちゅうすうせいだつずいしっかん》の1つ。脳や脊髄、視神経などに病変を来し、さまざまな神経症状が再発したり、寛解《かんかい》したりを繰り返す。罹患者が多いのは北米や北欧、オーストラリア南部などで、人口10万人あたり30〜80人ほどが罹患しているが、アジアやアフリカでは10万人当たりの罹患者は4人以下と、罹患率に地域差がある。

あとがき　～日本に来て良かった

２０１６年の新茶シーズン、摘み取られた茶葉が茶工場で製茶され、できたばかりの日本茶を口にした時、「おいしい」ではなく「日本に来て良かった」と思わず呟きました。私がまだスウェーデンにいた頃、日本の美しい山の風景を想像しながら日本茶を飲んでいました。しかし、茶園はあくまでも夢の中でしか見ることができませんでした。

今日に到るまで、何度も苦労がありました。そのどこかの時点であきらめてしまえば、この日本茶を飲んだ時の気持ちを味わうことができませんでした。

あきらめずに進むことができた背景には、多くの方のサポートがあります。小さな頃から好奇心を育み、促してくれた両親と祖国の友人、熱心に日本語教育に取り組んでくださったルンド大学と岐阜大学の先生、下手な日本語にもかかわらず相手にしてくれた日本の友人、未熟な私を社会人にしてくださった関西ペイントマリンの同僚、お茶の産地でお世話になった方、現在私が日本茶に仕事として携わる機会を与えてくれた日本茶輸出促進協議会、この本の出版に際して、情報提供や校正などを手伝って下さった方々。今まで応援して下さった皆様に厚くお礼申し上げます。
最後になりますが、「僕が恋した日本茶のこと　青い目の日本茶伝道師、オスカル」を手に取って頂き、ありがとうございます。私と同じように、より多くの人が日本茶で幸せになれるよう、全力を尽くしていきたいと思います。これからもどうぞよろしくお願い致します。

2017年7月　Per Oscar Brekell

ブレケル・オスカル

1985年スウェーデン生まれ。高校生時代に日本茶を知り、そのとりこに。日本茶を学ぶため、スウェーデンのルンド大学で日本語を習得し、2010年には岐阜大学へ留学。2013年に再来日し、日本で就職。2014年、二度目の受験で合格率30%の「日本茶インストラクター」の資格を取得。2015年から1年間、静岡農林技術研究所茶業研究センターの研修生となる。現在は日本茶セミナーやイベントの講師などをしながら、国内外に日本茶を紹介する活動を続けている。

僕が恋した日本茶のこと
青い目の日本茶伝道師、オスカル

2017年8月12日　初刷発行
2019年4月19日　第2刷発行

著者　ブレケル・オスカル
編集・構成　岡田カーヤ（MONKEYWORKS）

発行者　井上弘治

発行所　駒草出版　株式会社ダンク　出版事業部
〒110-0016
東京都台東区台東1-7-1 邦洋秋葉原ビル2F
TEL 03-3834-9087／FAX 03-3834-4508
http://www.komakusa-pub.jp/

デザイン　漆原悠一（tento）
写真　吉次史成（表紙、表4、P119-123）

印刷・製本　シナノ印刷

2017 Printed in Japan
ISBN978-4-905447-83-2